JN085532

ネットワーク
入門・構築の教科書

のびきよ [著]
ヤマハ株式会社 [監修]

ヤマハネットワーク
技術者認定試験
Yamaha Certified Network Engineer

YCNE Basic★対応

マイナビ

ブックデザイン：Dada House

正誤に関するサポート情報

https://book.mynavi.jp/supportsite/detail/9784839977054.html

はじめに

　本書は、ネットワークを基礎から学習される方、および

ヤマハネットワーク技術者認定試験
YCNE (Yamaha Certified Network Engineer) Basic ★

を受験される方を対象にしています。

　本書では、ネットワークとは何かといった説明から、YCNE Basic ★試験の中核となるテクノロジーまでを中心にまとめています。また、実際の機器を使って学習することができない方にも、図解を多く活用して、イメージでわかるように具体例を挙げて説明しています。

　最初は、ネットワークの基礎技術について、用語の解説を行いながら実際の通信がどのように行われているのかを説明しています。また、VLAN、サブネット、CIDR、認証や暗号化、IPsec、無線LANなどのコア技術についても説明しています。

　試験では、コマンドも出てきます。このため、理解が深まるようにネットワーク構成の具体例を示して、ヤマハルーターやLANスイッチ、無線LANアクセスポイントではどのようなコマンドを使うのかを説明し、各コマンドの解説も行っています。

　本書によりネットワークの理解が深まり、基礎スキルを習得し、YCNE Basic ★試験に合格、認定されることで本格的なキャリア構築の入り口となることを願っています。

ヤマハネットワーク技術者認定試験の概要

ヤマハネットワーク技術者認定試験（Yamaha Certified Network Engineer）は、通信インフラであるコンピューターネットワークとヤマハネットワーク製品に関する技術の証明に加えて、ネットワークエンジニアを育成する目的としてヤマハ株式会社が定める厳格な基準に基づいて、同社が公式に認定する制度です。

2024年1月現在、初級レベルの「YCNE Basic ★」、中級レベルの「YCNE Standard ★★」の認定試験が受験可能となっており、2024年春より上級レベルの「YCNE Advanced ★★★」の認定試験の開始が予定されています。

「YCNE Basic ★」認定は以下の試験に合格することで取得することができます。

試験名称	ヤマハネットワーク技術者認定試験（YCNE Basic ★）
主な対象者	● ネットワークエンジニアを目指す学生 ● 授業や講座として取り入れる教員の方 ● ネットワークの基礎知識を確認したい方 ● ヤマハネットワーク製品を扱う営業担当者とネットワークエンジニア
問題数	50問
試験時間	60分
出題形式	四肢択一
試験形態	CBT(Computer Based Testing)
受験料	一般価格：12,000円＋税 学割価格：　8,000円＋税 ※詳しくは下記公式ホームページで確認することができます。

※ https://network.yamaha.com/lp/ycne/exam（公式ホームページから抜粋）

・**受験の申し込み方法**

ヤマハネットワーク技術者認定試験を受験するためには、オデッセイコミュニケーションズの各試験会場で受験の申し込みを行います。

1. 受験の申し込み：受験を希望する試験会場を検索して、直接申し込みを行います。
   https://cbt.odyssey-com.co.jp/place.html
2. OdysseyIDの登録：オデッセイコミュニケーションズで初めて受験をする場合は、OdysseyIDを登録する必要があります。
   https://cbt.odyssey-com.co.jp/cbt/registration/index.action

・**オデッセイコミュニケーションズ　カスタマーサービス**

Odyssey CBT専用窓口：03-5293-5661（平日10:00〜17:30）

・**ヤマハネットワーク技術者認定 についての問い合わせ先**

ヤマハネットワークエンジニア会　事務局

電話番号：03-5651-1702（平日9:00〜12:00 / 13:00〜17:00　祝日・定休日を除く）

※記事は2024年1月現在の情報です。試験公式ホームページで最新の情報を確認してください。

目次

1章 ネットワークの基礎

2章 基本技術

3章 IPルーティングとVPN技術

4章 ヤマハルーターの設定

5章 ヤマハスイッチの設定

6章 ヤマハ無線LANアクセスポイントの設定

索引

本書で使用しているアイコンについて

本書では、以下のアイコンを使っています。

デスクトップ　　　　ノートブック　　　　サーバー　　　スマートフォン
パソコン　　　　　　パソコン

LANスイッチ　　　　ルーター　　　無線LANアクセスポイント　　ONU

1章

ネットワークの基礎

ネットワークを理解する最初の一歩は、通信がどのように成り立っているのか理解することです。このため、1章では通信の基礎知識や、通信モデルなどを説明します。

1-01 基礎知識

最初に、通信がどのようなしくみで成り立っているのか、用語の解説を交えながら説明します。

通信の基本

ネットワークは、多数の機器がケーブルで接続されて信号が流れています。

■信号は bit (ビット) で成り立っている

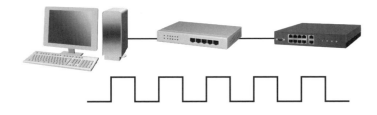

上の図の凹凸の線は信号の流れを示していますが、このような山と谷を1 bit (ビット) と言い、0、1の2進数で表されます。

2進数と言うと難しく思うかもしれませんが、豆電球と同じです。豆電球を相手に渡し、スイッチを入れたり消したりすると、豆電球が点いたり消えたりします。

豆電球が点いている時を1、消えている時を0と決めてスイッチを点けたり消したりすると、相手に0、1が伝わります。この点けたり消したりすることを bit と呼んでいます。

また、1秒間にどのくらい bit を送信できるかを bps (bit per second (ビット / 秒) から各単語の頭文字をとって、bpsと表記されます) と言います。1秒間に何回豆電球を点けたり消したりできるかです。通信は、この bit を決まった順

序で送ると、通信相手に理解できるしくみになっています。例えば、以下のように1010の順で送ると「おはよう」と決めたりして通信を行います。

■ bitの組み合わせで内容を伝える

　豆電球で言えば、点けて、消して、点けて、消しての順でスイッチを操作すると、相手は「おはよう」と解釈するわけです。

　1bpsの場合、上記では「おはよう」を送信するのに4bit必要なので、4秒かかります。また、2bpsの場合は4bit÷2bps=2秒かかります。

　最近では、100Mbpsや1Gbpsなどの通信も可能になりました。Mは100万、Gは10億という意味のため、100Mbpsは1秒間に1億回、1Gbpsは10億回、0と1をやりとりできます。

■ K bps、M bps、G bpsの違い

単位	数
K bps	1,000 bps
M bps	1,000,000 bps (100 万)
G bps	1,000,000,000 bps (10 億)

　bpsは帯域と呼ばれますが、通信速度の単位としても使われます。例えば、フレッツ光の最大通信速度は1Gbpsと言われたりします。

　速度と言うと、車のスピードのようなイメージで相手まで速く到着すると考えがちですが、これは誤解しやすい点です。例えば、3bpsと30bpsの違いは次のような違いです。

■3 bpsと30 bpsの違い

［3bpsの通信］※1秒間に3 bit

0	1	0

［30 bpsの通信］※1秒間に30 bit

0	1	0	1	0	1	0	1	0	1	0	1	0	1	0	1	0	1	0	1	0	1	0	1	0	1	0	1	0	1

　このように、1秒間にどれだけbitを送信できるかがbpsです。bit自体は、豆電球を点灯しても相手には光の速度という一定の速度で届くのと同様、1 bitが相手まで届く時間はbpsに関わらず同じです。上記の信号は同じ時間で相手まで届きますが、30 bpsの方がより多くの情報を伝えられます。

　また、8 bitを1 byte（バイト）と言います。1 byteで英字の1文字を表すこともできます。この場合、英字を1つ届けるのに2 bpsの場合は8÷2＝4秒かかります。

■Aは01000001で 表現できる

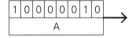

1	0	0	0	0	0	1	0
A							

　その他、2 byteや3 byteで1文字となる場合もありますが、メールなどのテキストであれば、合計してもよほど長いメールでなければ数K byte〜数百K byteの大きさです。

　つまり、1 Gbpsで送信できれば1秒もかかりません。動画でも圧縮されていれば256 Kbpsなどで送信できます。

　家庭でもフレッツ光などで1 Gbpsの通信が可能なため、よほど高画質の画像がたくさん並ぶか、高品質な動画でなければ問題なく参照できます。

　bitの羅列がどのような文字を表すのか、画像で赤色にするためにはどのようなbitの羅列にすればよいのかなど、たくさんの決まりごとが必要とは言え、通信相手が1つであれば、ほとんどこれだけで通信が成立します。

　しかし、インターネットのように世界中の機器と通信するためには、まずは通

信相手までたどり着く必要があります。このため、手紙を送る時に住所を書くのと同様に、通信先の住所であるアドレスなどを利用して、通信を届けるしくみが必要です。

通信が届けば、0、1を解釈して「おはよう」などの意味を伝えることができます。

ツイストペアケーブル

先ほど、ネットワークでは多数の機器がケーブルで接続されていると説明しましたが、その種類は大きく分けて2種類あります。1つ目は、ツイストペアケーブルです。

ツイストペアケーブルは、8芯の銅線を束ねて1本のケーブルにしています。

■ツイストペアケーブルの構造

屋外に敷設すると落雷で高電圧になり、接続されている機器が故障する可能性があります。また、普通100mが機器間を接続できる制限長です。このため、主に家庭内や同一階の機器を接続するために使います。

コネクターはRJ45で、爪が付いていて機器と接続する場合は押し込むと接続されて、引き抜く場合は爪を押さないと抜けないようになっています。

■RJ45コネクター

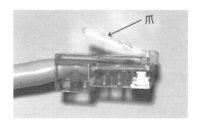

爪

光ファイバーケーブル

ケーブルのもう1つの種類は、光ファイバーケーブルです。

光ファイバーケーブルは、ケーブルの中に光が通るように作られていて、光によって通信を行います。屋外に敷設して、落雷があっても影響を受けません。

■光ファイバーケーブルの構造

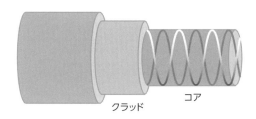

クラッド　コア

光ファイバーケーブルには、マルチモードファイバー（MMF：Multi Mode Fiber）とシングルモードファイバー（SMF：Single Mode Fiber）があります。

マルチモードファイバーの接続距離は、2kmなどです。このため、建屋内や隣接した建屋間の機器を接続したりする時に使われます。

シングルモードファイバーの接続距離は、10kmなどです。このため、建屋間、都市間などを結ぶために使われます。

光ファイバーケーブルでは、LCコネクターが使われます。LCコネクターはSFP（Small Form-factor Pluggable）やSFP+に接続されます。装置にSFPやSFP+を挿入し、光ファイバーケーブル接続用のポートとして使います。

■SFPとLCコネクター

SFP

光ファイバーケーブル
（LCコネクター）

MAC アドレス

　通信を行うためには、通信先の住所であるアドレスなどを利用すると説明しましたが、そのアドレスの1つに MAC アドレス (Media Access Control address) があります。

　MAC アドレスは、設定で変更するものではなく、装置に最初から割り当てられている世界で一意の番号です。MAC アドレスは、**11:FF:11:FF:11:FF** など16進数で表記されます。

　世界で一意の番号なので、MAC アドレスを使えば宛先の装置は一意に決定します。パソコンにも MAC アドレスは割り当てられていて、Windows 10 ではコマンドプロンプト (スタート メニュー → Windows システムツール → コマンドプロンプト) で ipconfig /all と入力して確認できます。

```
C:¥> ipconfig /all

Windows IP 構成

    ホスト名...............: PC
    プライマリ DNS サフィックス.....:
    ノード タイプ............:ハイブリッド
    IP ルーティング有効.........:いいえ
    WINS プロキシ有効..........:いいえ
    DNS サフィックス検索一覧.......: example.com

イーサネット アダプター ローカル エリア接続:

    接続固有の DNS サフィックス.....:
    説明................: Ethernet
    物理アドレス.............: 11-FF-11-FF-11-FF
    DHCP 有効..............:はい
    自動構成有効.............:はい

※以下略
```

　物理アドレスの右に表示されているのが、MAC アドレスです。

フレーム

　MACアドレスを宛先に通信を行う時、実際には2進数のbitに変換して行われます。この時、「おはよう」などのデータもセットにして送信します。このような信号のセットを、フレームと呼びます。
　以下は、フレームの構造です。

■フレーム構造

宛先MACアドレス	送信元MACアドレス	タイプ	ペイロード	FCS
6 byte	6 byte	2 byte	46~1500 byte	4 byte

　フレームを受信した機器では、宛先MACアドレスが自身のMACアドレスであれば、ペイロードのデータを取り出します。また、送信元MACアドレスを宛先MACアドレスにして、返信もできます。
　以下は、フレーム構造の説明です。

■フレーム構造の説明

項目	説明
宛先MACアドレス	通信先のMACアドレス
送信元MACアドレス	通信元のMACアドレス
タイプ	ペイロード部分の通信内容を示す
FCS ※	フレームのエラー検知用
ペイロード	送信するデータ

※ FCS: Frame Check Sequence

　通信する場合に、すぐフレームを送信するのではなく、プリアンブルと呼ばれる8 byteの信号（1010が続き、最後だけ11）を送信します。プリアンブルを先に送信することで、受信側がフレームを受け取る準備（1bitの長さの同期）を行います。
　このフレーム形式は、Ethernet II形式と呼ばれます。これ以外にもフレーム形式はありますが、宛先MACアドレスや送信元MACアドレスを使う点は、同じです。

LAN スイッチ

　LAN スイッチは、複数の機器をネットワークに接続するために分岐させる装置です。

　例えば、電源コンセントが足りない場合は電源タップを使って分岐させ、利用できるコンセントを増やすと思います。LAN スイッチも同じで、分岐させて接続数を増やす目的で使われます。

■ LANスイッチでたくさんの機器を接続する

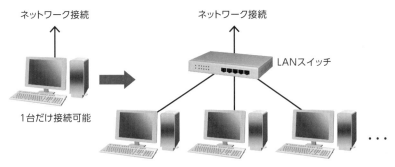

　電源タップの接続口はコンセントですが、LAN スイッチの接続口はポート（またはインターフェース）と呼ばれます。ポート数は8、16、24、48 ポートなどさまざまで、ポートとパソコンやサーバー間はツイストペアケーブルなどで接続します。

　パソコンなどから送信されたフレームは、LAN スイッチによって中継されて、宛先まで届けられます。

MAC アドレステーブル

　LAN スイッチがフレームを中継する場合、最初はすべてのポートに転送します。この時、LAN スイッチはフレームの送信元 MAC アドレスを覚えておいて、テーブルに格納します。これを、MAC アドレステーブルと言います。

　MAC アドレステーブルに格納されている MAC アドレスを宛先とするフレームを受信した場合、LAN スイッチは該当のポートだけに転送します。

■MACアドレステーブルのしくみ

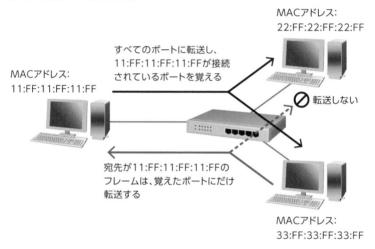

MACアドレス:
22:FF:22:FF:22:FF

すべてのポートに転送し、
11:FF:11:FF:11:FFが接続
されているポートを覚える

MACアドレス:
11:FF:11:FF:11:FF

⊘ 転送しない

宛先が11:FF:11:FF:11:FFの
フレームは、覚えたポートにだけ
転送する

MACアドレス:
33:FF:33:FF:33:FF

　毎回すべてのポートに転送すると、多数のフレームが発生してしまいますが、MAC アドレステーブルによって必要なポートだけに転送できます。これによって、余分なフレームを削減できて、効率的な通信が行えます。

IP アドレス

通信に使われるアドレスには、IP アドレス (Internet Protocol address) もあります。IP アドレスは、192.168.100.2 のようにドット (.) で区切って表記されます。

ドットで区切られた各数字は 0 ～ 255 まで使えるため、実際には使えない IP アドレスがあるものの、256×256×256×256 で約 43 億個の住所が使えます。

IP アドレスは、パソコンやサーバーなどにそれぞれ設定できます。パソコンに IP アドレスを設定したことがない方も多いと思いますが、通常は DHCP (Dynamic Host Configuration Protocol) サーバーというサーバーと通信して自動で割り当てられます。

例えば、Windows 系のパソコンに割り当てられた IP アドレスを確認するためには、コマンドプロンプトで ipconfig を実行します。

```
C:¥> ipconfig

Windows IP 構成

イーサネット アダプター ローカル エリア接続:

   接続固有の  DNS サフィックス .....:
   IPv4 アドレス.............: 192.168.100.2
   サブネット マスク .........: 255.255.255.0
   デフォルト ゲートウェイ ......: 192.168.100.1
```

IPv4 アドレスの右に表示されているのが、IP アドレスです。IP アドレスには、IPv4 (バージョン 4) と IPv6 (バージョン 6) があります。ここでは、IPv4 について説明しています。IPv6 については、1.5 節（37 ページ）で説明します。

人が MAC アドレスを宛先に指定して通信することは、まずありませんが、IP アドレスは人が宛先に指定して通信することがあります。

11

パケット

　宛先 IP アドレスは、フレームのペイロード部分に挿入されて、通信が行われます。この挿入される内容も構造化されていて、パケット（IP パケット）と呼ばれます。

　以下は、パケットの構造です。

■ パケット構造

バージョン	ヘッダー長	Tos	パケットの長さ
4 bit	4 bit	8 bit	16 bit

ID		フラグ	フラグメントオフセット
16 bit		3 bit	13 bit

TTL	プロトコル番号	チェックサム
8 bit	8 bit	16 bit

送信元 IP アドレス
32 bit

宛先 IP アドレス
32 bit

オプション
32 bit(可変)

ペイロード
可変

　MAC アドレスと同様に、パケットを受信した機器では、宛先 IP アドレスが自身の IP アドレスであれば、ペイロードのデータを取り出します。また、送信元 IP アドレスを宛先 IP アドレスにして、返信もできます。

以下は、パケット構造の説明です。

■ パケット構造の説明

項目	説明
バージョン	バージョン（IPv4 では 4）
ヘッダー長	オプションまでの長さ
Tos	通信の重要性
パケットの長さ	ペイロード含めた長さ
ID	通信が進むにつれて増加する値
フラグ	パケット分割可否
フラグメントオフセット	パケットの分割箇所を示す
TTL※	通信が長くなると破棄するために利用
プロトコル番号	ペイロードの格納内容を示す
チェックサム	エラー検知用
送信元 IP アドレス	送信元の IP アドレス
宛先 IP アドレス	送信先の IP アドレス
オプション	必要に応じて利用
ペイロード	送信するデータ

※ TTL：Time To Live

　フレームに比べて少し複雑になっていますが、ここで重要なのは、パケットの中で送信元 IP アドレスと宛先 IP アドレスが指定されていることです。
　また、オプションまでを IP ヘッダーと呼びます。つまり、ヘッダー長とは、この IP ヘッダーの長さです。チェックサムは、IP ヘッダーを基に決まった計算方法にしたがって求めた値です。受信側でも同じ計算をすることで、エラーが検知できます。

ARP

　IP アドレスは、人が指定して通信することがあると説明しました。実際に通信する場合は、フレームとして送信する必要があるため、宛先 MAC アドレスが必要となります。このため、宛先 IP アドレスから宛先 MAC アドレスを自動で取得するしくみがあります。これを、ARP (Address Resolution Protocol) と言います。

■ARPのしくみ

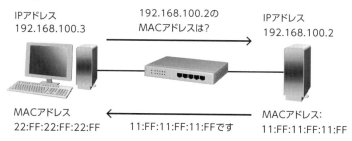

　上記で MAC アドレスがわかったパソコンは、宛先と送信元を以下のようにしてフレームを送信し、通信を始めます。

■パソコンからフレームを送信する時の宛先と送信元

項目	アドレス
宛先 MAC アドレス	11:FF:11:FF:11:FF
宛先 IP アドレス	192.168.100.2
送信元 MAC アドレス	22:FF:22:FF:22:FF
送信元 IP アドレス	192.168.100.3

　これは、基本的な ARP のしくみです。ARP には、他にも以下の役割があります。

■ARPの役割

ARP の役割	説明
RARP(Reverse ARP)	MAC アドレスから IP アドレスを自動取得する
Proxy ARP	本来の機器に代わって代理で ARP の応答を行う
GARP(Gratuitous ARP)	利用している自身の IP アドレスを通知する

ルーター

　IP アドレスは、手紙における住所の役割をしています。このため、宛先まで迷わず届くしくみが必要です。これを担っているのが、ルーターです。

　例えば、インターネット上の Web サーバーと通信するまでに多くのルーターを経由しますが、ルーターがどちらに送信すればよいか判断して、迷わず目的地まで到着できるようになっています。

■ ルーターの役割

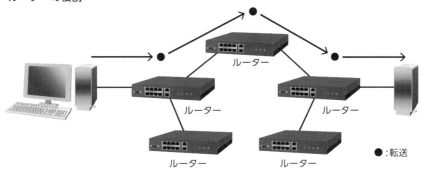

　ルーターが Web サーバーまでの経路 (道のり) を覚えておいて、その宛先に転送するというのを繰り返し、Web サーバーまで届くというしくみです。

　インターネットのように、世界中に張り巡らされたネットワークにおいても、ルーターは経路を知っているため、通信が成り立っています。

ルーティング

ルーターが転送すると説明しましたが、これはルーティングと呼ばれています。ルーティングを実現する方法として、以下の2種類があります。

- スタティックルーティング
  各ルーターに、経路を手動で登録します。

- ダイナミックルーティング
  ルーター間で、自動で経路を教え合います。

スタティックルーティングとダイナミックルーティングについては、3章の3.4節で説明します。ここで重要なのは、ルーターがルーティングすることで、インターネットを介して世界中の機器と通信できるようになっているということです。

デフォルトゲートウェイ

パソコンなどは、一般的にルーティングを行いません。ルーティングは、ルーターにまかせます。ルーティングをまかせる最初のルーターを、デフォルトゲートウェイと言います。

■デフォルトゲートウェイ

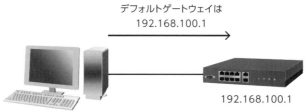

デフォルトゲートウェイまで届けば、あとはルーターがルーティングしてくれます。デフォルトゲートウェイは、IPアドレスと同様でDHCPサーバーがあれば、自動で設定されます。

DNS

通信先のIPアドレスがわかれば通信は成立しますが、一般家庭でネットワークを使う時に、相手のIPアドレスを意識することはあまりないと思います。

Webサイトを参照する時は、IPアドレスではなくURL (Uniform Resource Locator) を利用します。例えば、www.example.comなどです。この内、example.com部分はドメイン名と呼ばれ、ドメイン名を使ったURLをIPアドレスに変換するしくみがあり、DNS (Domain Name System) と言われています。

例えば、Webサイトのwww.example.comを見たいとします。しかし、実際の通信ではIPアドレスがわからないと通信できないため、DNSを使ってIPアドレスを探す必要があり、以下のようにルートサーバーから順番に検索します。

■DNSのしくみ

まず、ルートサーバーと通信してwww.example.comのIPアドレスを問い合わせると、ルートサーバーはcomを管理しているサーバー のIPアドレスを回答します。次に、comを管理しているサーバーに問い合わせると、example.comを管理しているサーバーのIPアドレスを回答します。最後に、example.comを管理しているサーバーに問い合わせると、www.example.comのIPアドレスを教えてくれます。

このように、ネットワークを利用している時はドメイン名やURLで通信相手を指定しますが、実際はIPアドレスに変換されて通信を行っています。これを、

17

名前解決と呼びます。

　パソコンの設定で、DNS サーバー (ネームサーバー) を example.com を管理するサーバーにしておくと、ルートサーバーなどを介さずに、すぐ名前解決できます。これも、DHCP サーバーがあれば、自動で設定されます。

　なお、パソコンのように DNS を問い合わせる側をリゾルバーと言います。

通信の成立

　これまでの説明を基に、次のネットワークでパソコンから Web サーバーへの通信がどのように成立するのか説明します。

■Webサーバーとの通信を説明するためのネットワーク図

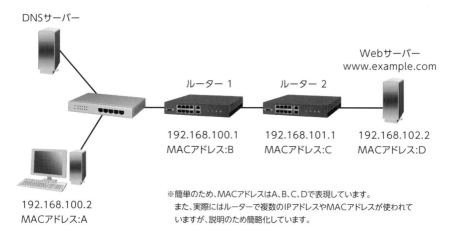

　Web サーバーの www.example.com へ通信する場合、まずは DNS サーバーと通信して名前解決します。その場合、ARP によって DNS サーバーの MAC アドレスを教えてもらい、DNS サーバー宛てにフレームを送信し、応答 (www.example.com は 192.168.102.2) を得ます。

　その後、デフォルトゲートウェイ (ルーター 1) の MAC アドレスを教えてもらうために、パソコンから ARP を送信します。

■ARPによるMACアドレスの解決

192.168.100.1のMACアドレス教えて

ルーター 1

192.168.100.2
MACアドレス:A

MACアドレスはBです

192.168.100.1
MACアドレス:B

　ルーター 1 の MAC アドレスがわかると、パソコンは以下の宛先と送信元でフレームを送信します。

■パソコンからルーター1へのフレーム

IPアドレス		MAC アドレス	
宛先	送信元	送信元	宛先
192.168.102.2	192.168.100.2	A	B

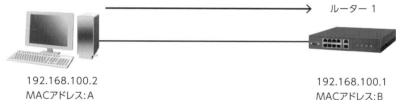

ルーター 1

192.168.100.2
MACアドレス:A

192.168.100.1
MACアドレス:B

　宛先 IP アドレスは Web サーバー www.example.com の アドレス 192.168.102.2 ですが、宛先 MAC アドレスはルーター 1 (MAC アドレス :B) というのがポイントです。宛先 IP アドレスは、最終的な通信相手として使います。宛先 MAC アドレスは、近隣の通信相手で使います。今回の例では、ルーター 1 になります。

　ルーター 1 は、宛先 MAC アドレスが自身のものなので受信して、宛先 IP アドレスが自身のものでないのでルーティングするというわけです。
　また、ルーター 1 がルーティングする場合は、ルーター 2 の MAC アドレスを教えてもらうために、ARP を送信します。ARP で、ルーター 2 の MAC アドレスがわかると、ルーター 2 にフレームを送信します。

この時の宛先と送信元は、以下のとおりです。

■ルーター1からルーター2へのフレーム

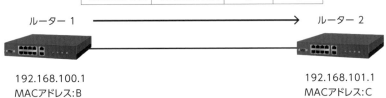

IPアドレス		MACアドレス	
宛先	送信元	送信元	宛先
192.168.102.2	192.168.100.2	B	C

ルーター 1 　　　　　　　　　　　　　　　　　　　　　　ルーター 2

192.168.100.1
MACアドレス:B

192.168.101.1
MACアドレス:C

　宛先 IP アドレスと送信元 IP アドレスは変わっていませんが、宛先 MAC ア
ドレスはルーター 2 (MAC アドレス :C) 、送信元 MAC アドレスはルーター 1
(MACアドレス:B) に変わっています。このように、宛先MACアドレスは次のルー
ターの MAC アドレス、送信元 MAC アドレスはルーティングしたルーターに変
わります。IP アドレスは、最初の通信元と最終的な通信先を示すため、変わりま
せん。

　ルーター 2 は、Web サーバーに直接送信できるため、Web サーバーに ARP を
送って MAC アドレスを教えてもらいます。その後、Web サーバー宛てにフレー
ムを送信して Web サーバーまで通信が届きます。

　また、通信は多くの場合、応答があります。今回の場合は、Web サーバーか
らパソコンへの応答です。応答は、送信元の IP アドレスを宛先に行われます。
その後、ルーター 2、ルーター 1 でルーティングされて、パソコンまで通信が届
きます。

1-01 基礎知識　まとめ

- ● アドレスには、IP アドレスと MAC アドレスがある。
- ● 宛先 IP アドレスは最終的な通信先、宛先 MAC アドレスは近隣装置の通信
  先を示す。
- ● 近隣装置の MAC アドレスを知るためには、ARP を使う。
- ● ドメイン名などから IP アドレスを知るためには、DNS を使う。

1-02 サービス

通信には、信頼性のある通信とない通信があります。信頼性のある通信はTCP
(Transmission Control Protocol) 、信頼性のない通信はUDP (User Datagram
Protocol) というプロトコル (通信手順) を使います。

　フレームやパケットの宛先アドレスで通信相手までたどり着き、TCPやUDPで
利用するサービスを決定します。本章では、TCPとUDPについて説明します。

TCP

　TCPは、相手までパケットが届いたか確認しながら通信を行い、届いていない
場合は再送するため、確実性があります。

　TCPでは、最初に3ウェイハンドシェイクという通信を行います。

■3ウェイハンドシェイク

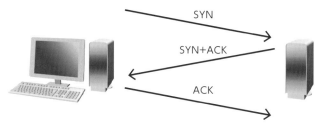

SYN

SYN+ACK

ACK

　3 ウェイハンドシェイクが正常に終われば、通信開始というわけです。

　TCP では、通信の最初に SYN（synchronize）が送信されます。また、通信が
進むたびに確認応答として ACK (acknowledgement) が返ってきます。その時、
通信がどこまで進んだかが、シーケンス番号で管理されます。シーケンス番号に
抜けがあると、パケットが届いてないと判断して再送します。

　このように、TCPでは一度通信を開始すると、手順や番号などで管理された上で送受信を行います。これを、コネクションと言います。このため、TCPはコネクション型の通信とも言われます。

　同じパソコンとサーバー間の通信でも、違う通信(例えば、メールとWebページ参照)であれば、コネクションも異なります。また、相手からの応答が遅いと、タイムアウトして通信が切断されます。

　このコネクション管理により、TCPは通信に多少時間がかかりますが、信頼性のある通信ができます。

　また、1回1回ACKが返ってくるのを待って次のパケットを送ると遅くなります。

　このため、実際の通信では複数のパケットを一気に送っています。

■複数のパケットを一気に送る

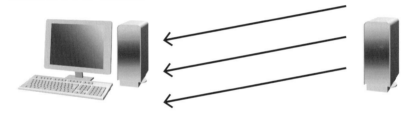

　一気に送ると言っても、受信側で受け取れないほど送っては意味がありません。このため、送受信できる量としてウィンドウサイズを決めながら送信しています。これを、ウィンドウ制御と言います。ACKにより受信が確認できた分、ウィンドウを下にスライディングさせます。

■スライディングウィンドウのしくみ

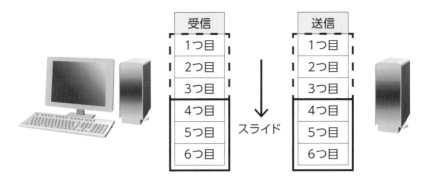

　これを、スライディングウィンドウと呼びます。ウィンドウ制御により、受信側で処理しきれないほど一気に送信されるのを防げます。処理した分は、スライディングウィンドウでウィンドウを少しずつスライドさせて次の送受信に備えることで、1つ1つ送るより高速に通信ができるようになっています。

　この時、最初から大量に送ってしまうと、途中のネットワークで破棄される量が多い場合は再送が多くなってしまいます。このため、最初のウィンドウサイズは小さくしておいて、問題なければ少しずつ大きくします。これを、スロースタートと言います。

　このような、通信を取りこぼさないように、通信量を調整するしくみをフロー制御と言います。TCPでは、これを上記のウィンドウ制御で実現しているというわけです。

セグメント

　TCPのシーケンス番号などは、パケットのペイロード部分に挿入されています。この挿入される内容も構造化されていて、セグメントと呼ばれます。

　以下は、セグメントの構造です。

■セグメント構造

送信元ポート番号			送信先ポート番号	
16 bit			16 bit	

シーケンス番号
32 bit

ACK番号
32 bit

サイズ	予約	フラグ	ウィンドウサイズ
4 bit	3 bit	9 bit	16 bit

チェックサム	緊急ポインター
16 bit	16 bit

オプション
可変

データ
ペイロード

　オプションまでを、TCPヘッダーと言います。次の表は、セグメント構造の説明です。

項目	説明
送信元ポート番号	送信元ポート番号
送信先ポート番号	送信先ポート番号
シーケンス番号	通信が進むと増える番号
ACK 番号	受信できたことを示す番号
サイズ	オプションまでの長さ
予約	常に 0
フラグ	SYN や ACK などを示す
ウィンドウサイズ	一度に送信できるサイズ (ウィンドウ制御)
チェックサム	エラー検知用
緊急ポインター	緊急で処理するデータの位置
ペイロード	送信するデータ

1章

ネットワークの基礎

　ポート番号とは、どのような通信を行うのかを示します。例えば、Web ペー
ジの参照であれば 80 番（暗号化される場合は 443 番）が使われます。この決
まっている番号をウェルノウンポート番号と言い、IANA (Internet Assigned
Numbers Authority) で管理されています。

　パソコンからサーバーに通信する場合、送信先ポート番号を 80 番とすれば、
Web ページの参照とサーバー側で判断します。送信元ポート番号は、49152 か
ら 65535 などの自由に使えるポート番号となります。

　サーバーからパソコンへの応答では、送信元ポート番号と送信先ポート番号が
逆になります。例えば、宛先 80 番ポート、送信元 49152 番ポートで受信した場
合、宛先 49152 番ポート、送信元 80 番ポートで返信します。

　チェックサムは、IP ヘッダーの時と同じでエラー検知用です。計算時は、IP ア
ドレスなど IP ヘッダーの一部も含めて TCP ヘッダーとして扱い、計算に含めます。
この IP ヘッダーの一部も含めた TCP ヘッダーを、TCP 疑似ヘッダーと言います。

UDP

　UDPは、TCPのように3ウェイハンドシェイクを行わず、コネクション管理も行いません。このため、コネクションレス型の通信と言われ、速くデータを送信できてサーバー側の負荷も軽くて済みます。

　UDPは、DNSのようなサーバー側で大量の通信を受け付ける場合や、パケットが届かなくても問題ない通信に向いています。他には、動画ではパケットを再送してもすでにその場面は過ぎているので、意味がありません。少しでも早くデータを送信できることに意味があります。このような通信にも、UDPが使われています。

UDPの構造

　UDPは、コネクション管理などが不要なため、TCPと比較して簡単な構造になっています。

■UDPの構造

送信元ポート番号	送信先ポート番号
16 bit	16 bit

サイズ	チェックサム
16 bit	16 bit

ペイロード
可変

　チェックサムまでを UDP ヘッダーと言います。チェックサムは、TCPの時と同じで IP ヘッダーの一部を含めた UDP 疑似ヘッダーを基に、計算されます。

1-02　サービス　まとめ

- 通信にはコネクション型の TCP 通信と、コネクションレス型の UDP 通信がある。
- TCP 通信は、3 ウェイハンドシェイクから始まって、フロー制御する。

1-03 通信モデル

通信は、階層構造としてとらえることもできます。本章では、通信モデルについて説明します。

OSI 参照モデル

通信の標準化を目指して作成された規格に、OSI（Open Systems Interconnection）があります。OSIは、これまで説明したTCP/IP（IPやTCPを使った通信）とは、異なるプロトコルです。

当時は、ベンダー（販売会社）独自のプロトコルが主流で、ベンダーが異なると通信できないことが多くありました。このため、異なるベンダー間でも通信可能なように策定されたのがOSIです。

OSI参照モデルは、OSI策定の前段階として国際標準化機構（ISO）で定義されたもので、通信を7階層に分けて説明しています。

■OSI参照モデル

層番号	層名	利用例
7	アプリケーション層	プログラムとやりとりしながら、通信機器間で対話する。
6	プレゼンテーション層	通信機器間の非互換を解消して、7層での対話を可能にする。
5	セッション層	一連の塊とする通信の開始から終了までの管理。
4	トランスポート層	エラー検知や再送など。（セグメント作成）
3	ネットワーク層	ルーティングなど。（パケット作成）
2	データリンク層	直結された機器間の通信。（フレーム作成）
1	物理層	電圧やコネクターなど。

　プレゼンテーション層の役割の1つを簡単に言うと、翻訳です。同じ文字でも、機器が違えば文字コードが違うことがあります。文字コードとは、Aであれば01000001で表現するなどの決まりです。

　この異なる文字コードを変換したりして、機器間でアプリケーション層の会話ができるようにするのが、プレゼンテーション層の役割です。

　セッション層では、例えばログインからログアウトまでを1つのセッションとして管理します。セッション管理により、Webページを移動してもログインしたままにすることができます。

　トランスポート層からデータリンク層は、これまで説明してきたセグメント、パケット、フレームを構成することが役割です。

　階層的に、上位から下位に降りてくる時に、ヘッダーが追加されていきます。例えば、フレームを送信する場合、最初はアプリケーション層での対話をPDU（Protocol Data Unit）として生成します。対話が「GET」であれば、文字コードから「47 45 54」（16進数で記載）となります。これが、プレゼンテーション層のSDU（Service Data Unit）となります。このSDUにヘッダーなどを付与（カプセル化と言います）すると、プレゼンテーション層のPDUになります。

　これを、さらに下層でSDUとして扱うということを繰り返し、最後にデータリンク層で作成されたPDUは、物理層で信号となって送信されます。

■ フレームが作られるまでの流れ

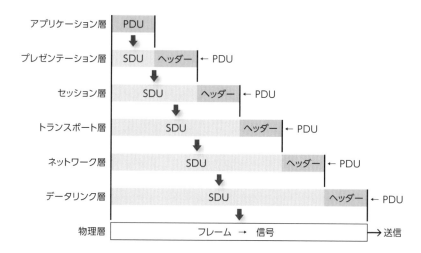

受信側では、上記と逆を行います。ヘッダーなどを解釈すると同時に取り除き、上位層に渡して最終的にアプリケーション層へメッセージが届けられます。

　また、LANスイッチはMACアドレスを見て転送先を決めるため、扱うのは主にデータリンク層です。ルーターは、IPアドレスを見て転送先を決めるため、扱うのは主にネットワーク層です。このため、その階層まで解釈して、転送を行います。

　TCP/IPがディファクトスタンダード（事実上の標準）になったため、OSI自体は普及することはありませんでしたが、プロトコルを理解するために便利なOSI参照モデルは、今でも説明のためによく使われます。

TCP/IP 4階層モデル

　これまで説明してきた、TCP/IPにおける通信手順やパケット、セグメント構造などは、RFC（Request for Comments）で決められています。RFCは、IETF（Internet Engineering Task Force）という標準化団体によって管理されています。

　RFCでは、TCP/IPを4階層に分類しています。

■TCP/IP 4階層

層番号	層名	利用例
4	アプリケーション層	アプリケーションデータ
3	トランスポート層	セグメント作成
2	インターネット層	パケット作成
1	リンク層	フレーム作成

　OSI参照モデルと違って、4層以上が区別されていません。

1-03 通信モデル　まとめ

● 通信モデルには、OSI参照モデルと、TCP/IP 4階層モデルがある。
● アプリケーションデータなどは、下の層に渡される時にヘッダーなどが追加（カプセル化）されて、最終的にフレームとして送信される。

1-04　アプリケーション層のプロトコル

　4階層モデルの内、トランスポート層までのプロトコルは説明してきましたが、アプリケーション層でもプロトコルが決まっています。このように、プロトコルが組み合わさって通信が成立していることを、プロトコルスタックと呼びます。本章では、アプリケーション層のプロトコルについて説明します。

FTP

　FTP (File Transfer Protocol) は、データを転送するために使います。例えば、サーバーからExcelデータをダウンロードしたりできます。
　Windowsパソコンでは、コマンドプロンプトで利用可能です。

```
C:¥> ftp ftp.example.com
ftp/example.com に接続しました。
220 FTP Server ready.
200 UTF8 set to on.
ユーザー ( ftp.example.com:(none)): user1
331 Password required for user1
パスワード: ********
230 User user1 logged in.
ftp> get file1.txt
```

　ftp に続けて接続先を指定します。ユーザー名とパスワードを入力すると、ログインできます。最後の「get ファイル名」で、ファイルをダウンロードできます。また、「put ファイル名」でファイルをアップロードできます。
　FTPには 2 つのモードがあります。1 つはアクティブモードです。アクティブモードでは最初に制御用として TCPのポート番号 21 を使い、データ転送する場合はポート番号 20 を使います。

もう 1 つは、パッシブモードです。パッシブモードは、制御用としてポート番号 21 を使いますが、その後はパソコンとサーバー間でポート番号を決めてからデータ転送します。つまり、ポート番号が変動するということです。

FTP は、このままでは暗号化されていないため、パスワードが盗聴される可能性があります。暗号化するためには、FTPS が使われます。この時のポート番号は、制御用で TCP の 990 番、データ転送用で 989 番です。

また、FTPS を使う時は、FFFTP などのソフトウェアを使います。FFFTP は、以下からダウンロードできます。

```
https://ja.osdn.net/projects/ffftp/
```

ネットワークの基礎

メールの構造

日常的に使われるメール（電子メール）ですが、メールも構造が決まっています。メールの構造は、ヘッダーとボディに分かれています。

ヘッダーには、例えば以下のような情報があります。

■ メールヘッダー構造

フィールド	説明	例
From	差出人	user1@example.com
To	宛先	user2@example.com
Subject	件名	明けましておめでとう
Date	送信日時	2021 年 1 月 1 日 12:10:00

メールを受信した時に、差出人などが表示されるのは、このヘッダー情報があるためです。

ボディは、メールの本文を記載する部分です。メールには、ファイルを添付することもありますが、メール自体はテキストベースしか扱えないため、添付ファイルをテキストベースに変換します。この変換方法などを取り決めたものが、MIME（Multipurpose Internet Mail Extension）です。

　例えば、テキストで記述した内容と、PNG形式の画像が添付されたメールのボディは、以下のようになります。

```
Content-Type: text/plain
明けましておめでとうございます。

Content-Type: image/png
XXXXXXXXX ( 画像をテキストに変換したデータ )
```

※ポイントのみ記載しています。

　text/plainであればテキスト、image/pngであればPNG形式の画像ファイルを示します。このように、次の情報が何を示すのかパート分けして記載されています。

　また、ヘッダーでもContent-Typeフィールドがあり、テキストしかない場合は、Content-Type: text/plainになりますが、添付がある場合はContent-Type: multipart/mixedになります。

　Outlookなどのクライアントソフトや、Webメールなどを利用すると、このようなヘッダー情報の追加や、添付ファイルの変換などを自動で行ってくれます。

SMTP

　SMTP (Simple Mail Transfer Protocol) は、メールを送信する時に使うプロトコルです。パソコンでクライアントソフトを使ってメールサーバーへ送信する時も、メールサーバーからメールサーバーに転送する時も、SMTPが使われます。

　SMTPは、TCPのポート番号25を使います。

　SMTPで送信する時は、コマンド形式で情報を1つ1つ送信します。例えば、差出人としてMAIL FROM:<user 1@example.com>を送信して、サーバーからOKを受信したら、宛先としてRCPT TO:<user 2@example.com>を送信します。これを、クライアントソフトは自動で行っています。

　この時、ユーザー名などでの認証が不要です。認証無しで送信できると、スパムメール (迷惑メール) などを大量に送信できてしまいます。このため、最近ではパソコンからサーバーへの送信には、認証が必要なサブミッションポートが使われます。

■SMTPでメールを送信する

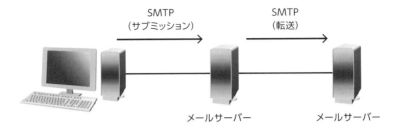

　サブミッションポートのポート番号は、TCPの587番です。また、サブミッションポートで暗号化するためには、SMTPSが使われます。SMTPSのポート番号は、TCPの465番です。

POP3

　POP3（Post Office Protocol version 3）は、メールを受信する時に使うプロトコルです。ポート番号は、TCPの110番です。

■POP3の使い道

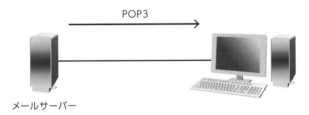

メールサーバー

メールの流れとしては、以下になります。

1. パソコンからメールサーバーに、サブミッションポートでメールを送る。
2. メールサーバーはDNSを参照して、送信先のメールサーバーにSMTP（転送）で送る。
3. 受信側のメールサーバーは、いったんメールを保存（スプール）しておく。
4. パソコンがクライアントソフトなどを使って、POP3で受信する。

POP3 で受信する時は、ユーザー名などで認証が必要です。

POP3 は、パソコンでメールを受信すると、メールがサーバーから削除される場合があります。この場合、違うパソコンやスマートフォンでメールを受信することができません。

また、サーバーに残す設定にしている場合は、パソコンでメールを削除してもサーバーでは削除されません。このため、スマートフォンでメールを受信すると消したメールが再度受信されます。

つまり、POP3 ではサーバーにメールがあればパソコンに送るだけで、削除・未読・既読などの情報は、パソコンとサーバーの間で同期されていません。

POP3 を暗号化するためには、POP3S が使われます。POP3S のポート番号は、TCP の 995 番です。

IMAP4

IMAP4 (Internet Message Access Protocol 4) も、POP3 と同じでメールを受信する時に使うプロトコルです。ポート番号は、TCP の 143 番です。

IMAP4 は、POP3 と違って削除・未読・既読などの情報が、パソコンとサーバーの間で同期されます。このため、パソコンで既読になったメールはサーバー側でも既読扱いになるため、スマートフォンで見た場合も既読になっています。

■IMAP4は、どの機器でメールを見ても既読・未読などが同じ

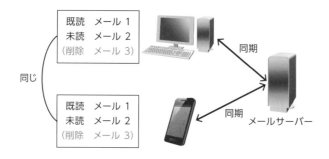

複数機器でメールを使う時は、IMAP4 がお薦めです。また、IMAP4 を暗号化するためには、IMAP4Sが使われます。IMAP4Sのポート番号は、TCPの993番です。

HTTP

　HTTP (Hyper Text Transfer Protocol) は、Web ページを参照する時に使うプロトコルです。ポート番号は、TCPの80番です。

　例えば、Web ブラウザーのアドレス欄で、example.com/page.htmlと入力したとします。この場合、3 ウェイハンドシェイクが終わった後、GET /page.html HTTP/1.1 とコマンドが送信されると、Web サーバーから page.html ファイルが転送されます。

■HTTPを使ったHTMLファイルの送信

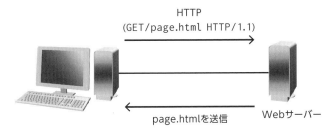

HTTP
(GET/page.html HTTP/1.1)

page.htmlを送信

Webサーバー

　この 時、HTML (HyperText Markup Language) や CSS (Cascading Style Sheets) を解釈して、Web ブラウザー上には表示されます。例えば、HTMLの h1 タグであれば見出しとして目立つような大きな文字で表示され、CSSでは文字を赤字で表示するなどの指定がされています。

　HTTP を暗号化するためには、HTTPSが使われます。HTTPSのポート番号は、TCPの443番です。

1-04　アプリケーション層のプロトコル　まとめ

● FTPは、ファイル転送で使う。パッシブモードとアクティブモードがある。
● SMTP(S)は、メールの送信に使う。パソコンからメールサーバーへの送信では、サブミッションポートが使われる。
● メールの受信には、POP3(S)とIMAP4(S)がある。IMAP4(S)は、パソコンとサーバーで同期される。
● Webページを参照する時は、HTTP(S)が使われる。
● 各ポート番号は、以下のとおり。

プロトコル	TCP ポート番号
FTP	20、21
FTPS	989、990
SMTP	25
サブミッションポート	587
SMTPS	465
POP3	110
POP3S	995
IMAP4	143
IMAP4S	993
HTTP	80
HTTPS	443

1-05　IPv6

　これまでは、IPv4について説明してきました。

　IPv4は約43億のアドレスが使えますが、インターネットの普及により不足してきました。このために考えられたのが、IPv6です。本章では、IPv6について説明します。

IPv6アドレス

　IPv4のアドレスが32bit (192.168.100.2などは2進数にすると32bit) であるのに対し、IPv6は128bit使えます。IPv6のアドレスは、`2001:0db8:1111:ffff:1111:ffff:1111:ffff` のように、「 : 」で区切って16進数で記述されます。

　1桁1桁が16進数のため、とんでもない数のアドレスが使えますが、なじみのない16進数に加えて長い数字の羅列でわかりづらいと思います。このため、短く表せるように、「 : 」で区切られた部分で先頭から連続する0は省略して記述できます。

省略していないアドレス表記	省略したアドレス表記
2001:0db8:0001:0002:0003:0004:0005:0006	2001:db8:1:2:3:4:5:6

　また、以下のように「 : 」で区切られた部分が 0 しかない場合は「 :: 」と省略できます。

省略していないアドレス表記	省略したアドレス表記
2001:0db8:0000:0000:0000:0000:0000:0001	2001:db8::1

　上記は 2 か所以上あった場合でも、1 か所しか使うことができません。

　IPv6 では、重要なアドレスが 2 つあります。グローバルユニキャストアドレ

スとリンクローカルアドレスです。

　グローバルユニキャストアドレスは IPv4 と同様の使い方をしますが、リンク
ローカルアドレスは MAC アドレスのような役目で、ルーターを越えられないア
ドレスです。リンクローカルアドレスは fe80 から始まります。

　IPv6 でも、ルーターによってルーティングされて、サーバーと通信できるの
は IPv4 と同じです。

NDP

　NDP (Neighbor Discovery Protocol) は、IPv6 において近隣装置との通信で
使われます。

　例えば、IPv6 ではルーターからパソコンに、自動でアドレスを割り当てるこ
とができます。

　パソコンが起動すると RS (Router Solicitation) を送信し、ルーターは RA
(Router Advertisement) を返します。RA には、アドレス情報が含まれていて、
パソコンはグローバルユニキャストアドレスを設定します。また、RA にはルー
ター自身のリンクローカルアドレスも含まれていて、これをデフォルトゲート
ウェイとします。

■NDPの例

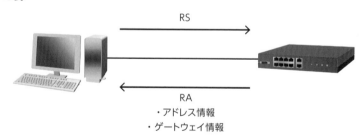

　また、IPv4 は ARP により相手 MAC アドレスを教えてもらっていまし
た が、IPv6 で は NS (Neighbor Solicitation) を 送 信 し、NA (Neighbor
Advertisement)の応答で相手 MAC アドレスを解決します。

　この時の宛先 IP アドレスは、ルーターを越える必要がないため、リンクロー
カルアドレスが使われます。

1-05 IPv6 まとめ

- IPv6 には、グローバルユニキャストアドレスとリンクローカルアドレスがある。
- IPv6 は、NDP によってアドレス取得や IPv4 の ARP のようなしくみを実現する。

1章 ネットワークの基礎 のチェックポイント

問1 ルーターを介してサーバーと通信する時、パソコンから送信されるフレームは、宛先 MAC アドレス、送信元 MAC アドレス、宛先 IP アドレス、送信元 IP アドレスがそれぞれどれになりますか？

- a) パソコンの MAC アドレス
- b) パソコンの IP アドレス
- c) ルーターの MAC アドレス
- d) ルーターの IP アドレス
- e) サーバーの MAC アドレス
- f) サーバーの IP アドレス

問2 以下の説明で使われるアプリケーション層のプロトコルは、何ですか？

- a) メールを受信し、サーバーと同期する。
- b) Web ページを参照する。
- c) ファイル転送する。
- d) 認証ありでメールを送信する。

解答

問1 以下のとおりです。

宛先 MAC アドレス 　　:c) 　ルーターの MAC アドレス

送信元 MAC アドレス 　:a) 　パソコンの MAC アドレス

宛先 IP アドレス 　　　:f) 　サーバーの IP アドレス

送信元 IP アドレス 　　:b) 　パソコンの IP アドレス

MAC アドレスは、ルーターを介するたびに変わります。18ページ「通信の成立」をご参照ください。

問2 以下のとおりです。

a) 　IMAP4(S)

b) 　HTTP(S)

c) 　FTP(S)

d) 　SMTP(S)

1.4節「アプリケーション層のプロトコル」をご参照ください。

2 章

基本技術

ネットワークを構成する技術要素には、規格などの決まりがあります。2章では、基本的な技術項目について説明します。

2-01	ポート関連技術

　ケーブルを接続するポートには、規格があります。本章では、ポート関連技術について説明します。

速度

　通信における速度は、ケーブルごとに規格で決められています。最初に、ツイストペアケーブルで使える規格と速度について説明します。

■ツイストペアケーブルで使える規格と速度

規格	速度	カテゴリ
10BASE-T	10 Mbps	3 以上
100BASE-TX	100 Mbps	5 以上
1000BASE-T	1 Gbps	5e 以上

　カテゴリは、ツイストペアケーブルの種類です。カテゴリの数字が大きいほど、通信が高速になってもエラーが発生しないように作られています。例えば、100BASE-TXを使うためには、カテゴリ 5 以上のツイストペアケーブルを使う必要があります。

　次は、光ファイバーケーブルで使える規格と速度について説明します。

■光ファイバーケーブルで使える規格と速度

規格	速度	種類
100BASE-FX	100 Mbps	MMF/SMF
1000BASE-SX	1 Gbps	MMF
1000BASE-LX	1 Gbps	SMF

1000BASE-LXはSMFを使うため長距離で使えますが、一般的に1000BASE-SX用のSFPと比べて高価です。

この他、10Gbpsや100Gbpsなどの規格もあります。

半二重と全二重

ポートには、半二重(Half Duplex)と全二重(Full Duplex)というモードがあります。

半二重通信は、相手の装置が送信している間は受信しかできず、相手装置の送信が終わった後に送信を開始します。全二重通信は、双方同時に送信できます。

■全二重と半二重通信

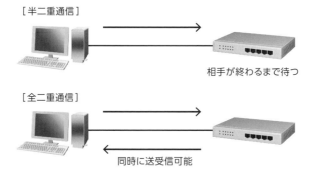

今では、ほとんどが全二重通信です。

オートネゴシエーション

ポートは、10BASE-T、100BASE-TX、1000BASE-Tすべてに対応したものもあります。仕様上は、10/100/1000BASE-T対応などと記載されています。

このポートに対して、どの規格を使うのか手動で設定することもできますが、デフォルトはオートネゴシエーションと言って、自動選択になっています。なるべく速度が速い順で選択されるため、10/100/1000BASE-T対応の機器間を接続

すると、1 Gbpsで通信できるようになります。

　また、半二重と全二重もオートネゴシエーションで決まります。双方が全二重に対応していれば全二重、片方が半二重しか対応していなければ半二重になります。

　片方の装置を手動で設定 (例:100 Mbpsの全二重) すると、通信できない可能性があります。オートネゴシエーションは、双方で情報を交換して速度と全二重/半二重を決めるため、片方が手動だと正常に判断できないためです。つまり、接続相手が手動で設定されていた場合、オートネゴシエーションを停止してもう一方の機器も手動で設定する必要があります。

MDIとMDIX

　ポートには、MDI (Medium Dependent Interface) と MDIX (Medium Dependent Interface Crossover) があります。パソコンやサーバー、ルーターはデフォルトが MDIで、LAN スイッチはデフォルトが MDIXです。

　ポートが MDIと MDIXの機器間は、通常のツイストペアケーブル (ストレートケーブル) で接続できますが、同じ MDI 間や MDIX 間を接続する場合は、クロスケーブルが必要になります。

■MDIとMDIXの違いと接続ケーブル

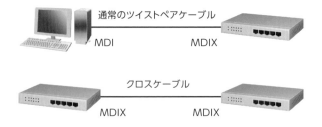

　クロスケーブルは、見た目はストレートのツイストペアケーブルと同じですが、中の配線が異なっています。

　最近は、MDIにも MDIXにもなれる装置が増えてきています。このため、装置間で自動的に MDIか MDIXかを決めます。これを、AUTO MDIXと言います。

AUTO MDIXをサポートしていれば、LANスイッチ間をストレートケーブルで接続しても通信可能です。

　なお、AUTO MDIXはオートネゴシエーションが無効になると、利用できません。このため、オートネゴシエーションを停止した場合は、LANスイッチ間などはストレートケーブルではなく、クロスケーブルで接続しなければならなくなります。

MTU

　送信可能なパケット長の最大値を、MTU (Maximum Transmission Unit) と言います。

　EthernetII形式のペイロード部分が最大1500 byte (これより大きくもできる) のため、この場合はMTUが1500 byteです。MTUの大きさは、ルーターなどで変更が可能です。

　例えば、ルーターに2つのポートがあって、ポート1がMTU:1500 byte、ポート2がMTU:1000 byteだったとします。この場合、ポート1で1500 byteのパケットを受信してポート2に転送するときは、パケットの分割が必要です。

■パケットのフラグメント化

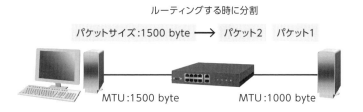

ルーティングする時に分割

パケットサイズ:1500 byte ⟶ パケット2　パケット1

MTU:1500 byte　　　　　　MTU:1000 byte

　パケットを分割することを、フラグメント化と呼びます。フラグメント化されたパケットは、データが分割されてサーバーに届く形になります。IPヘッダーにあるフラグメントオフセットでは、各パケットにデータの位置を指定します。このフラグメントオフセットを基に、サーバーではデータを元の状態に組み立てます。途中のルーターなどでは、組み立てません。

　フラグメント化の可否を指定するのが、IPヘッダーにあるフラグです。フラグがDF (Don't Fragment) であれば、ルーターでフラグメントできず、パケット

は破棄されます。その場合、ルーターからパソコンに利用可能な MTU を伝えます。パソコンでは、利用可能なパケットサイズにして、再送を行います。これを、Path MTU Discovery と呼ばれます。

　受信可能なパケット長の最大値は、MRU (Maximum Receive Unit) と言います。一般的に、MTU と MRU は同じサイズです。

2-01　ポート関連技術　まとめ

- 速度や使えるケーブルは、規格で決められている。
- オートネゴシエーションによって、速度や全二重 / 半二重が自動で決定される。
- ポートには、MDI と MDIX の種類がある。
- MTU は、送信できる最大パケットサイズで、それを越える場合はフラグメント化され、受信側の装置で組み立てられる。

イーサネット関連技術

Ethernet II のフレーム構造や 100BASE-TX などは、イーサネットと呼ばれる規格で決められています。本章では、イーサネット関連技術について説明します。

CSMA/CD

フレームサイズの最小値は、64byte です。これには理由があります。

元々の通信は半二重が主体で、接続された機器が双方で同時にフレームを送信するとぶつかるまで突き進みます。これを、コリジョン(衝突)と言います。

コリジョンを検知すると、双方再度送り直します。例えば、パソコンがフレームを送り終わった後にコリジョンが発生したとします。この場合、パソコンは自分が送信したフレームだとわからないため、再送できません。このため、ケーブルをフレームで満たせる長さで送信します。

■ケーブル上をフレーム(電気信号)で満たす

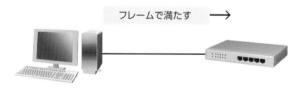

フレームで満たす ⟶

このようにすると、パソコンがフレームを送信中に衝突すれば、自身が再送する必要があると判断できます。このケーブルをフレームで満たす最低限の長さが 64byte になります。このため、ケーブルの長さも 64byte のフレームで満たせる長さが制限長になっています。

通信を衝突、再送信前提で行うこのようなしくみを CSMA/CD (Carrier Sense Multiple Access/Collision Detection) 方式と言います。

MAC アドレスの種類

MAC アドレスには、以下の種類があります。

■MACアドレスの種類

MAC アドレスの種類	説明
ユニキャストアドレス	1 つの機器を宛先とする
マルチキャストアドレス	グループを宛先とする
ブロードキャストアドレス	全機器を宛先とする

ユニキャストアドレスは、これまで説明してきたパソコンなどに割り当てられた世界で一意のアドレスです。

マルチキャストアドレスは、グループを宛先とするアドレスです。例えば、複数の機器で同じ動画を視聴する場合、1台1台にフレームを送信すると、フレームが大量になってしまいます。このとき、動画を視聴しているすべての機器が1つのフレームで受信できれば、フレームの数は少なくて済みます。

■マルチキャストアドレスでは複数のパソコンが受信する

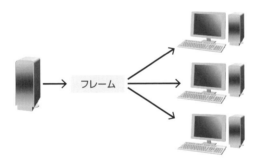

この宛先として、マルチキャストアドレスが使われます。

ブロードキャストアドレスは、すべての機器が受信するアドレスです。宛先が、FF:FF:FF:FF:FF:FF で送信されます。

ブロードキャストアドレスを宛先とする通信 (以後、ブロードキャスト) の例として、ARPがあります。ARPは、ブロードキャストで送信され、すべての機器が受信します。もし、自身の IP アドレスに対する ARP だった場合、ユニキャストで応答します。

コリジョンドメイン

　コリジョンが発生する範囲を、コリジョンドメインと言います。

　例えば、2台のパソコンと1台のサーバーが、フレームをいったん取り込まずに電気信号として転送するだけの装置で接続されていたとします。これをハブと言いますが、この場合、パソコンが同時にフレームを送信すると、コリジョン（衝突）が発生します。

■2台のパソコンから同時にサーバーへ送信すると衝突する

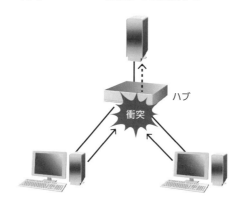

　ハブを LAN スイッチに変えると、この通信ではコリジョンが発生しません。LAN スイッチは、バッファにフレームをいったん取り込むことができて、LANスイッチの中で衝突しないためです。

　つまり、LAN スイッチによって範囲が分かれて、その中でだけコリジョンが発生します。

■LANスイッチは、コリジョンドメインを分断する

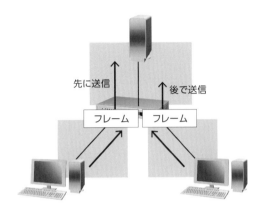

先に送信　　後で送信

フレーム　フレーム

コリジョンドメインの範囲

　LANスイッチからフレームを送信する際に、サーバーからもフレームが同時に送信されると、コリジョンドメイン内なので半二重の場合はケーブル上でコリジョンが発生します。

　このように、LANスイッチやルーターは、コリジョンドメインを分断しますが、ハブは分断しません。

　ハブは、複数のポートを持っていて、パソコンをネットワークに接続するために使われていました。その当時は、コリジョンドメインを考えて設置しないと、ネットワークがコリジョンだらけになって通信できない可能性もありましたが、今ではハブはほとんどLANスイッチに置き換わっていて、見かけることはありません。

ブロードキャストドメイン

　ブロードキャストが届く範囲を、ブロードキャストドメインと言います。

　MACアドレスは、近隣装置宛てのためのアドレスです。ブロードキャストによってすべての装置が受信すると言っても、インターネットに接続された全世界の装置が受信しても意味がありません。

宛先 MAC アドレスは、ルーターで書き換えられます。つまり、ルーターを越えてブロードキャストを転送しても意味がありません。例えば、ARP ではルーターの MAC アドレスを知りたいのに、サーバーまで転送しても意味がありません。

　このため、ルーターはブロードキャストドメインを分断します。

■ルーターは、ブロードキャストドメインを分断する

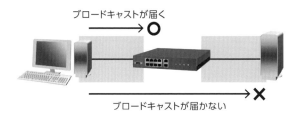

　LAN スイッチ (ルーティングしないもの) やハブは、ブロードキャストドメインを分断しません。つまり、ブロードキャストを受信すると、すべてのポートに転送します。

2-02　イーサネット関連技術　まとめ

- イーサネットは、CSMA/CD 方式によるコリジョンと再送を前提としている。
- アドレスには、ユニキャストアドレス、マルチキャストアドレス、ブロードキャストアドレスがある。
- コリジョンが発生する範囲を、コリジョンドメインと言う。
- ブロードキャストが届く範囲を、ブロードキャストドメインと言う。

51

<table>
<tr><td>2-03</td><td># LAN スイッチ関連技術</td></tr>
</table>

　LAN スイッチは、ポートをグループ分けしたり、フレームのループを検出したりできます。本章では、LAN スイッチ関連技術について説明します。

アクセス VLAN

　LAN スイッチのポートに 10 番、20 番などの番号を設定し、グループ分けすることができます。

■ アクセス VLAN のしくみ

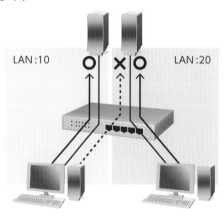

　同じ VLAN (Virtual Local Area Network) 番号が割り当てられたポート間は通信可能ですが、異なる番号が割り当てられたポート間は通信できません。このように、1 つのポートに 1 つの VLAN 番号を割り当てる機能を、アクセス VLAN と言います。

　VLAN は、10 番と 20 番のように 2 つだけでなく、複数設定できます。LAN スイッチの仕様によって異なりますが、64 個や 1024 個などです。つまり、複数のグルー

プに分けることができるということです。

なお、一般的に初期状態では VLAN:1 が全ポートに設定されているため、何も設定しなければすべてのポート間で通信ができます。

タグ VLAN

2 台の LAN スイッチにまたがった場合にも、VLAN は利用できます。これを、タグ VLAN と呼び、IEEE 802.1Q で規定されています。

タグ VLAN を利用するポートは、フレームを送信するときにタグと呼ばれる VLAN の番号を付与します。

■ タグ付きのフレーム

宛先 MAC アドレス	送信元 MAC アドレス	タイプ	タグ	ペイロード	FCS
6 byte	6 byte	2 byte	4 byte	46〜1500 byte	4 byte

この場合、フレームはタグの分、長くなります。

受信側は、このタグを見てアクセス VLAN で同じ番号を設定したポートにだけフレームを転送します。

■ タグVLANのしくみ

　アクセスVLANで10番 のポートに接続されたパソコンAからのフレームは、タグVLANを使っているポートからタグ：10番が付与されて送信されます。受信側のLANスイッチは、10番の番号を見てアクセスVLANが10番のポートに接続されたサーバーAだけに、フレームを転送します。

　アクセスVLANで20番のポートに接続されたパソコンBからのフレームは、タグの番号が20番で送信されるため、接続先のLANスイッチでアクセスVLANが20番のポートに接続されたサーバーBとだけ通信可能です。アクセスVLANのときと同じで、10番と20番の間で通信はできません。

ループ検出

　LANスイッチをループ構成で接続した場合、フレームもループします。

■ループ構成ではフレームもループする

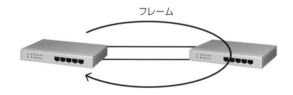

　特に、ブロードキャストはすべてのポートに転送されるため、フレームが消えることなく、永遠に回り続けます。このため、すぐにネットワークがフレームであふれて、通信できない状態になります。これを、ブロードキャストストームと言います。

　ブロードキャストストームは、よくあるトラブルです。例えば、通信できないと思って、近くにあったケーブルを挿してみた、これだけで、ブロードキャストストームが発生する可能性があります。

　このループは、独自のフレーム (LDF:Loop Detection Frame) を送信することで検出できます。

■LDFでループを検出する

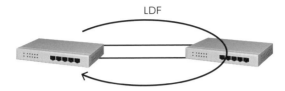

LDF

　LDFが戻ってきたら、ループしているというわけです。この場合、片方のポートでフレームの中継をやめれば、ループは解消されます。
　また、以下のように他のLANスイッチでループした場合も検出できます。

■他のLANスイッチによるループも検出する

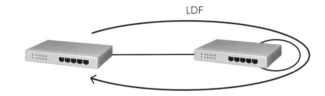

LDF

　このときも、右のLANスイッチで増殖したフレームが大量に流れてきて、左のLANスイッチに接続された機器も、ほとんど通信できない状態になります。このため、ループを検出したポートを一時的にシャットダウン（通信できない状態に）すれば、左のLANスイッチに接続された機器の通信は継続できます。
　一定時間後にポートをアップ（通信可能に）して、LDFを送信して戻ってこなければループは解消しているため、通信の再開も可能です。

2-03 LANスイッチ関連技術　まとめ

- アクセスVLANは、ポートをグループ分けする。
- タグVLANは、フレームにVLAN番号を付与して送信する。これは、IEEE 802.1Qで規定されている。
- ループ構成になると、ブロードキャストストームが発生する。この対応として、ループ検出が有効である。

2-04	IP関連技術

　IPを利用する上で、IPアドレスをDHCPサーバーから自動で割り当てることもできます。また、通信可否や通信できなかった原因などを通知することもできます。本章では、IP関連技術について説明します。

DHCP

　すでに説明したとおり、DHCPはパソコンがDHCPサーバーと通信して、自動でIPアドレスを設定するためのプロトコルです。IPアドレス取得までには、以下のようなメッセージをやりとりします。

■DHCPのメッセージやりとり

※OfferとACKは、IPアドレスが割り当てられるまでユニキャストを
受信できない機器では、ブロードキャストになる。

DHCPは、サーバー側がUDPの67番、パソコン側が68番を使います。例えば、パソコンからのパケットは送信元ポート番号68、宛先ポート番号67となります。
DHCPでやりとりするメッセージタイプには、以下があります。

■DHCPメッセージタイプの説明

メッセージタイプ	説明
Discover	DHCP サーバーを探すための最初のパケット
Offer	貸し出す IP アドレス、リース期間と再リース時間などの仮提示
Request	提示された IP アドレスのリースを要求
ACK	要求を承知する応答
NAK	すでに貸し出している IP アドレスをパソコンから要求されたときに、サーバーで拒否
decline	パソコンで重複した IP アドレスを検知
Release	パソコンが、IP アドレスを解放

DHCPサーバーには、貸し出せるIPアドレスの範囲やデフォルトゲートウェイ、DNSサーバーのIPアドレスなどを設定します。設定したIPアドレスの範囲から順番にパソコンに貸し出しを行い、リース期間が終われば他のパソコンに貸し出します。
一般的にパソコンは、リース期間が切れる前にRequestをDHCPサーバーに送信して、再度同じIPアドレスの貸し出しを受けます。
また、IPv6でもDHCPが使え、DHCPv6（38ページ参照）と呼ばれます。しくみはIPv4のDHCPとほとんど同じですが、IPv6ではNDPでアドレスを自動取得できます。このため、IPv6アドレスはNDPでルーターから取得して、DNSサーバーなどの情報はDHCPサーバーから取得するといった構成が可能です。

ICMP

ICMP (Internet Control Message Protocol) は、通信確認やパケットが届かなかったときの理由などを送信するときに使われるプロトコルです。

例えば、パケットが相手先まで届くのか確認するために、pingが使われます。Windowsであれば、コマンドプロンプトで実行できます。

```
C:¥> ping 192.168.100.1

192.168.100.1に ping を送信しています 32 バイトのデータ:
192.168.100.1 からの応答:バイト数 =32 時間 =11ms TTL=54
192.168.100.1 からの応答:バイト数 =32 時間 =11ms TTL=54
192.168.100.1 からの応答:バイト数 =32 時間 =12ms TTL=54
192.168.100.1 からの応答:バイト数 =32 時間 =12ms TTL=54

192.168.100.1 の ping 統計:
    パケット数:送信 = 4、受信 = 4、損失 = 0 (0% の損失 )、
ラウンド トリップの概算時間 ( ミリ秒 ):
    最小 = 11ms、最大 = 12ms、平均 = 11ms
```

コマンドプロンプトで「ping　通信先IPアドレス」を実行すると、指定のIPアドレスとの通信確認が行えます。11ms (ミリ秒) などは、相手からの応答時間です。

上記例では、損失 =0 のため4回送信したパケットは、すべて通信先から応答があったことになります。応答がなかった場合は、損失の数が表示されます。

これは、ICMPのタイプでEcho Requestを送信して、Echo Replyがあると受信となります。よく見かけるICMPのタイプは、以下のとおりです。

■ICMPのタイプ (例)

タイプ	意味	説明
0	Echo Reply	ping に対する応答
3	Destination Unreachable	宛先まで届かない
5	Redirect	よりよい通信経路に変更依頼
8	Echo Request	ping への応答依頼
11	Time Exceeded	許容可能なルーターの数を越えたため破棄した

Redirectは、宛先に届くまでの経路が複数ある場合に、ルーターが近い経路を送信元に教えるために使われます。Redirectを受信した機器は、その経路を使うようにパケットの送信先を変更します。

Time Exceededは、IPヘッダーのTTLが0になって破棄したことを通知するものです。TTLは、ルーターを経由するごとに1減らします。このことで、パケットが永遠に回り続けることを防げます。

Destination Unreachableは、さらに以下のようなコードで分類されています。

■Destination Unreachableのコード (例)

コード	意味	説明
0	network unreachable	相手ルーターがダウンして ARP 解決できないなど
1	host unreachable	サーバーがダウンして ARP 解決できないなど
3	port unreachable	サーバーまでたどり着いたが、ポートが解放されていない
4	fragmentation needed and DF set	フラグメントが必要だが、IP パケットのフラグが DF になっている
6	destination network unknown	宛先 IP アドレスがルーティングテーブルにない

Path MTU Discoveryで、ルーターからパソコンに利用可能なMTUを伝えると説明しましたが、このときに使われるのがfragmentation needed and DF setです。このため、コード4の場合はフラグメント化せずに送信できるMTUのサイズも含めて送信します。

Destination Unreachableは、ルーターがパケットを転送したり、サーバーが受信したりできない場合に、送信元の機器に対して送られます。送信元は、上記コードによって通信できない理由がわかりますが、ICMPを送信しないルーターやサーバーもあるため、確実ではありません。

なお、IPv6でもICMPが使えます。これを、ICMPv6と呼びます。

ICMPv6でも、Echo ReplyやDestination Unreachableなどが使えるのはIPv4のときと同じですが、タイプの番号は変わっています。また、NDPによってIPv6アドレスを取得したり、ARPの代わりをしたりできると説明しましたが、これを実現しているのもICMPv6です。

2-04 IP関連技術 まとめ

- DHCPは、サーバーで貸し出せるIPアドレス範囲が設定されていて、リース期間中はパソコンでIPアドレスが使える。
- ICMPは、ネットワークの到達性を確認したり、到達できない原因を調べたりするときに使える。

認証と暗号化技術

ネットワークでは、通信相手の正当性を確認したり、通信が途中で読み取れないようにしたりすることができます。

本章では、認証と暗号化技術について説明します。

情報セキュリティの3要素

情報セキュリティには、以下の3要素が含まれている必要があります。

- 機密性　　許可された人だけアクセスできること。
- 完全性　　データが改ざんなどされていないこと。
- 可用性　　必要なときにアクセスできること。

これは、JIS Q 27000 で規定されています。これらを実現する手段として、ネットワークの世界では認証や暗号化技術が使われます。

ハッシュ

ハッシュとは、データを関数で計算して異なる固定長のデータに変換することです。算出された固定長のデータを、ハッシュ値と言います。

ハッシュは、元のデータが異なると、違うハッシュ値になります。また、ハッシュ値から元のデータを逆算しづらいといった特徴があります。このため、よく認証に使われます。

例えば、パスワードをハッシュして、ハッシュ値を送信します。ハッシュ値から元の値は逆算できないため、通信途中で傍受されてもパスワードは漏えいしません。

■ハッシュを使った認証

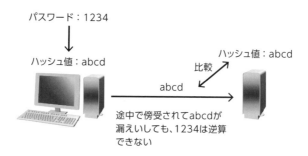

パスワード：1234

ハッシュ値：abcd

ハッシュ値：abcd

比較

abcd

途中で傍受されてabcdが
漏えいしても、1234は逆算
できない

　受信側は、パスワードのハッシュ値を保存しておきます。このハッシュ値と、受信したハッシュ値を比較して、一致していれば認証成功となります。

　また、共通鍵を付加したデータをハッシュすることもできます。これを、HMAC（Hash-based Message Authentication Code）と言います。共通鍵は、送信側と受信側で設定や通信などによって、双方が同じ値を持ちます。

　パケットを送信する際、データにHMACを付与します。受信側も共通鍵とデータからハッシュ値を計算し、一致すればデータが改ざんされていないことが証明できます。これを、メッセージ認証と呼びます。

　ハッシュ関数には、以下のような種類があります。

■ハッシュ関数（例）

ハッシュ関数	ハッシュ値の長さ
MD5	128 bit
SHA-1	160 bit
SHA-2	224、256、384、512 bit

　SHA-2は、ハッシュ値が256 bitのものはSHA-256などと表記されます。

　ハッシュ値は、元のデータが異なっても同じ値になることがあります。MD5は、これを意図的に作ることができたり（つまり、改ざんされても気づけない）、元のデータを逆算できたりもするため、今では利用が推奨されていません。

共通鍵暗号方式

共通鍵暗号方式は、通信する両方の機器で事前に設定、または通信によって得た、双方で同じ鍵を利用した暗号方式です。

例えば、双方で事前に abcd と共通鍵を設定していたとします。送信側は、abcd の鍵を使って暗号化してデータを送信すると、受信側でも abcd の鍵を使って復号化(暗号を解く)できます。

■共通鍵暗号方式のしくみ

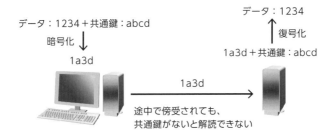

共通鍵暗号方式には、以下のアルゴリズムがあります。

■共通鍵暗号方式のアルゴリズム

アルゴリズム	鍵長
DES	56 bit
3DES	56、112、168 bit
AES	128、192、256 bit

※ DES: Data Encryption Standard
※ AES: Advanced Encryption Standard

DES は、解読法などが知られており、安全ではありません。この中では AES が最も安全で、鍵長が長い方がより安全です。

共通鍵暗号方式は、暗号化や復号化の処理が速いのがメリットです。

デメリットは、同じ鍵を使い続けると、解読される危険が高くなることです。また、多数の相手と通信する場合は、鍵の配布方法が問題になります。鍵は公開できませんし、メールなどで送信すると盗まれる可能性もあります。

鍵が漏えいすると、データを盗まれたり、改ざんされたりする危険があります。

公開鍵暗号方式

　公開鍵暗号方式は、2つの対となる秘密鍵と公開鍵で、暗号化と復号化を行う方式です。

　秘密鍵は公開しませんが、公開鍵は誰でも入手できるように公開します。公開鍵を使って暗号化すると、秘密鍵でしか復号化できないようになっています。

■公開鍵暗号方式のしくみ

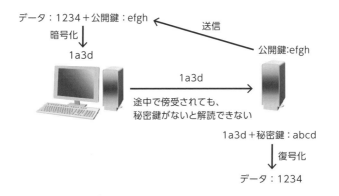

　公開鍵暗号方式で使われるのは、RSA アルゴリズムによる暗号です。

　公開鍵暗号方式は、共通鍵暗号方式に比べて処理が遅いのですが、メリットは鍵の配布です。鍵を公開できるため、配布方法が問題になりません。

　このため、最初は公開鍵暗号方式を使った通信で共通鍵を作り、実際のデータは共通鍵暗号方式でやりとりするということが行えます。共通化暗号方式に切り替えるのは、処理が速いためです。

電子署名

　公開鍵を使って暗号化すると、秘密鍵でしか復号化できないと説明しましたが、逆も同じです。秘密鍵を使って暗号化すると、対となる公開鍵でしか復号化できません。これを利用するのが、電子署名です。

　以下は、電子署名のしくみです。

■電子署名のしくみ

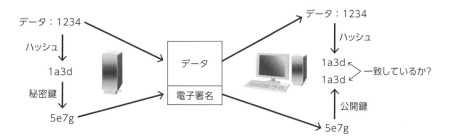

　送信するデータをハッシュして、秘密鍵で暗号化したものが電子署名です。データと電子署名を送信し、受信側はデータをハッシュしてハッシュ値を得ます。また、電子署名を公開鍵で復号化してハッシュ値を取り出します。この2つの値を比較して一致すれば、データが改ざんされていないことになります。一致しない場合、公開鍵と対になる秘密鍵で電子署名されていないということです。

　データのやりとりは、通常は暗号化された中で行われます。

PKI

　PKI (Public Key Infrastructure) は、本人確認をした上で公開鍵暗号方式など を使って、安全な通信を行うためのしくみです。

　暗号化によってデータの漏えい防止、電子署名で改ざん検知ができますが、成 りすましは防げません。

　例えば、example.comの管理者と偽って公開鍵を配布し、電子署名すること もできます。この場合、通信は守られていても、結果として偽りの管理者にデー タを盗まれたりします。これを防ぐしくみが、PKIです。

　以下は、PKIのしくみです。

■PKIのしくみ

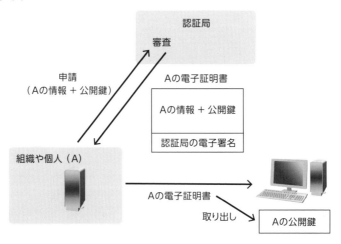

　認証局は、申請に基づいて審査を行い、電子証明書を発行する機関です。電子 証明書は、申請者の情報と公開鍵をセットにして、認証局の秘密鍵を使って電子 署名したものです。

電子署名されているため、電子証明書の公開鍵は改ざんされていないことが保障されます。また、認証局が審査するため、成りすましなどもできません。

このように、通信先が正当で改ざんされていない公開鍵を受信した後、暗号化や電子署名によって安全な通信ができるというわけです。

認証局には、広く公開されたパブリック認証局があります。パソコンなどには、最初からパブリック認証局の電子証明書が登録されています。このため、認証局が発行した電子証明書の正当性もすぐにチェックできます。

■証明書の正当性チェック

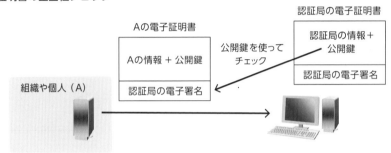

つまり、PKIのしくみは、認証局が最初から信頼されていて、パソコンなどに認証局の電子証明書が保存されていることが前提です。

認証局は、独自に作ることもできます。例えば、社内だけで利用するときは、広く公開されている必要がないためです。これを、プライベート認証局と言います。この場合は、パソコンなどにプライベート認証局の電子証明書を入れておく必要があります。

証明書は、有効期限があります。期限を過ぎると失効と言って、無効になります。

TLS（SSL）

TLS（Transport Layer Security）は、PKIを利用してセキュリティを確保するプロトコルです。

例えば、HTTPSではTLSを使って暗号化していますが、成りすましや改ざんなども防げます。

■HTTPSのしくみ

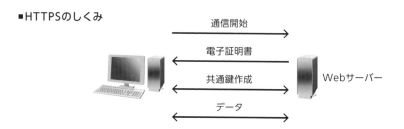

パソコンから通信を開始すると、Webサーバーから電子証明書が送付されます。電子証明書の公開鍵を使って、公開鍵暗号方式で暗号化した中で共通鍵を作ります。その後、共通鍵暗号方式で暗号化した中で、データのやりとりをします。

FTPS、SMTPS、POP3S、IMAP4Sなども、TLSを使って暗号化や正当性確認などをしています。

TLSの前は、SSL（Secure Sockets Layer）というプロトコルを使っていました。SSLは、脆弱性が指摘されていて解読されたりするため、今では使われません。SSLの後継としてTLSが策定されましたが、名前の名残としてTLSで通信していても、SSLと呼ばれることがあります。

2-05　認証と暗号化技術　まとめ

- 情報セキュリティの3要素として、機密性、完全性、可用性がある。
- ハッシュは、ログイン認証やメッセージ認証などに使われる。
- 暗号方式には、共通鍵暗号方式と公開鍵暗号方式がある。
- 電子証明書を使って、成りすまし防止や暗号化などのセキュリティ確保が行える。このしくみは、PKIと呼ばれる。
- TLSは、PKIを利用したプロトコルで、HTTPSなどで使われている。

2-06　無線LAN関連技術

　無線LANは、ツイストペアケーブルや光ファイバーケーブルで接続する有線LANと違って、電波によって通信します。このため、ケーブルが不要です。

　本章では、無線LAN関連の技術について説明します。

無線LANの規格

　無線LANは、パソコンなどが無線LANアクセスポイントに接続して通信を行います。

■無線LANアクセスポイント

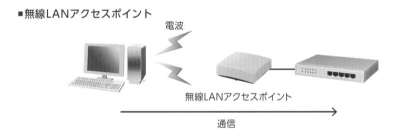

電波

無線LANアクセスポイント

通信

　このとき、パソコンと無線LANアクセスポイントで利用できる規格が一致していないと、通信ができません。無線LANの規格には、次ページの表のものがあります。

■無線LANの規格

規格	最大速度	周波数帯
IEEE 802.11a	54 Mbps	5 GHz
IEEE 802.11b	11 Mbps	2.4 GHz
IEEE 802.11g	54 Mbps	2.4 GHz
IEEE 802.11n	600 Mbps	2.4 GHz/5 GHz
IEEE 802.11ac	6.93 Gbps	5 GHz
IEEE 802.11ax (Wi-Fi6)	9.6 Gbps	2.4 GHz/5 GHz

周波数とは、電波が1秒間に振動する回数です。規格ごとに、使える周波数帯が決まっています。

パソコンから無線 LAN アクセスポイントに接続する場合、双方でサポートしている規格を利用して通信を行いますが、一般的には複数の規格をサポートしています。

例えば、IEEE 802.11gをサポートしていれば、下位の IEEE 802.11bもサポートしています。IEEE 802.11aは5 GHzと異なる周波数帯なので、サポートしていないこともありますが、2.4 GHzと5 GHz両方をサポートしている無線 LAN アクセスポイントも一般的にあります。

パソコンから無線 LAN アクセスポイントに接続すると、複数の規格から一番速度が速い規格が選択されます。

なお、無線 LAN アクセスポイントでルーターの機能も持っているものを、Wi-Fi ルーターと呼びます。

SSID

無線 LAN アクセスポイントが複数あった場合、SSID (Service Set Identifier) によって区別されます。

無線 LAN アクセスポイントからは、定期的にビーコンという信号が送信されます。ビーコンにはSSIDが含まれていて、パソコンはSSIDを知ることができます。このため、SSIDを選択することで無線 LAN アクセスポイントに接続ができます。

■無線LANアクセスポイントごとにSSIDは違う

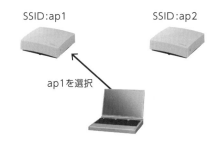

SSID:ap1   SSID:ap2

ap1を選択

認証・暗号化

無線 LAN は、電波が届く範囲であれば屋外からも接続できてしまうため、認証と暗号化が必要です。以下は、無線 LAN で使える認証と暗号化方式の例です。

■無線LANで使える認証と暗号化方式 (例)

方式	説明
WEP	非常に簡単なセキュリティで、利用は推奨されません。
WPA-PSK	WEP を強固にした方式です。
WPA2-PSK	暗号化に、最も強固な AES が使えます。
WPA3-SAE	WPA2 より認証を強化し、この中で最も強固なセキュリティを確保します。

上記は、いずれも認証と暗号化に、事前共有鍵を使います。パソコンと無線 LAN アクセスポイント双方に、同じ事前共有鍵を設定しておきます。パソコンが接続してきたとき、無線 LAN アクセスポイントの事前共有鍵と一致すれば、認証成功となります。

また、事前共有鍵は、共通鍵暗号方式の共通鍵を作るときも使われます。

チャンネル

　無線 LAN の周波数帯は、2.4 GHz と 5 GHz があると説明しましたが、その中でも細かく分かれていて、チャンネルと呼ばれます。

　2.4 GHz 帯のチャンネルは、13 個 (14 個のものもある) あります。

■2.4 GHz 帯のチャンネル

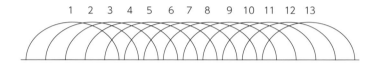

　5 GHz 帯のチャンネルは、20 個あります。

■5 GHz帯のチャンネル

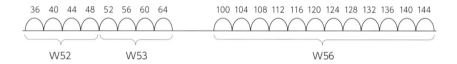

　W52、W53、W56 はグループです。過去に、順番にチャンネルが追加された経緯があります。

　近くに無線 LAN アクセスポイントが 2 台あって、同じチャンネルを使っていると干渉します。干渉すると、通信が遅くなる可能性があります。

　また、2.4 GHz 帯では異なるチャンネルでも周波数が重なっている部分があると思います。例えば、1ch (チャンネル) と 2ch は重なっていますが、1ch と 6ch は重なっていません。重なる部分があると、やはり干渉します。

　無線 LAN アクセスポイントでは、チャンネルを手動で変えることができますし、自動で変更する機能もあります。なるべく、干渉しないチャンネルを選択すれば、速度が遅くならなくて済みます。

　また、1 つの SSID で複数のチャンネルを使うことで、速度を向上させることもできます。

VAP

　VAP (Virtual Access Point) は、1台の無線 LAN アクセスポイントに複数の
SSIDを設定できる機能です。

　例えば、社員用の SSIDを「emp」として、VLAN:10 と通信可能にします。も
う1つの SSIDは「guest」として、訪問者用の VLAN:100 と通信可能にします。
VLAN:100 は、社内のサーバーにはアクセスできず、インターネットだけ通信可
能にするといったこともできます。

■VAPを使ったネットワーク構成例

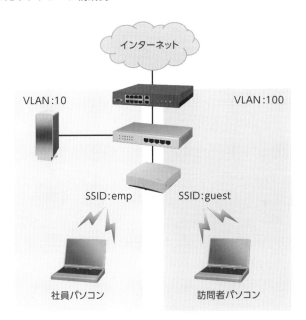

　上記で、VLAN:10 と VLAN:100間が通信できないようになっていれば、
SSID:guestに接続した訪問者のパソコンは、VLAN:10 にあるサーバーと通信は
できません。

　SSIDごとに、異なる事前共有鍵や認証方式を設定すれば、訪問者は SSID:emp
に接続することができません。

アンテナの種類と指向性

　無線LANアクセスポイントのアンテナには、指向性のものと、無指向性のものがあります。

■ 指向性アンテナと無指向性アンテナ

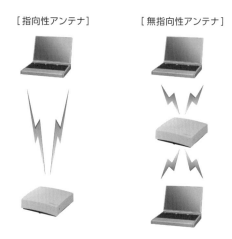

［指向性アンテナ］　　　　　［無指向性アンテナ］

　指向性アンテナは、アンテナを向けた方向に強く電波を飛ばします。このため、より遠くまで電波が届きやすくなります。背面が壁などの場合に推奨されます。

　無指向性アンテナは、どちらにも同じ強度で電波を飛ばします。このため、どちらの方向からでも接続があるときに推奨されます。

　また、設定によって切り替えられる製品もあります。

モード

　無線LANには、インフラストラクチャモードとアドホックモードがあります。

　インフラストラクチャモードは、これまで説明してきた無線LANアクセスポイントを中継して通信するモードです。

　アドホックモードは、無線LANアクセスポイントがなくてパソコン間などで直接通信するモードです。

■インフラストラクチャモードとアドホックモード

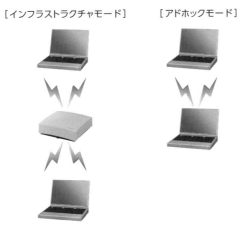

［インフラストラクチャモード］　　　［アドホックモード］

ローミング

　会社に、電波が届く範囲を考慮して、複数の無線LANアクセスポイントが設置されていたとします。パソコンを持って移動しているとき、接続していたアクセスポイントの電波が弱くなって、強い電波のアクセスポイントに変えたいとします。

　この際、パソコンを操作して接続するSSIDを選択し直すとなると、面倒です。また、通信も途切れてしまいます。

　このようなとき、自動で切り替えるのがローミングです。

■ローミングのしくみ

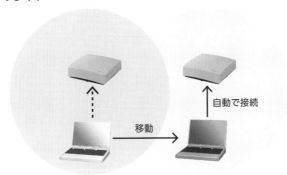

移動　　　自動で接続

※円は電波の届く範囲

　ローミングを実現するためには、無線LANアクセスポイントでSSIDや認証方式、事前共有鍵を一致させておく必要があります。また、通信が途切れないためには、無線LANアクセスポイントの電波が届く範囲が重なっている必要があります。

　一般的に、パソコンなどでは電波が弱いことを検知して、強い方のアクセスポイントに接続を切り替えます。

無線LANコントローラー

　無線LANアクセスポイントが増えてくると、1台1台設定するのは面倒です。また、ローミングを行う場合、各アクセスポイントの設定はほとんど共通です。

　このため、1台の機器で設定して、他のアクセスポイントに反映できれば便利です。これを実現するのが、無線LANコントローラーです。

■無線LANコントローラーのしくみ

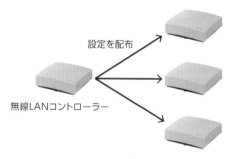

設定を配布

無線LANコントローラー

　無線LANコントローラーは、複数のアクセスポイントをグループ化します。そのグループに対して、SSIDや認証方式、事前共有鍵などを設定し、各アクセスポイントに配布します。これで、共通の設定がアクセスポイントに反映されます。

　無線LANアクセスポイントが、無線LANコントローラーの機能も兼ねていることがあります。

無線 LAN の新しい技術

　無線 LANの新しい技術として、MIMO (Multi Input Multi Output) とビームフォーミングについて説明します。

　MIMOは、複数のアンテナで同時に送受信することで、通信速度を向上させる技術です。

　例えば、IEEE 802.11nは1本のアンテナ (1 ストリーム) で 2 つのチャンネルを使い、最大 150 Mbpsを実現します。これを 4本のアンテナ (4ストリーム) で同時に送受信することで、600 Mbpsを実現しています。つまり、アンテナ 1本では規格の最大値 600 Mbpsにはならないということです。

　ビームフォーミングは、パソコンなどが無線 LAN アクセスポイントに接続する際に、接続してきた方向を特定して、その方向に強い電波を飛ばす技術です。

■ ビームフォーミングのしくみ

接続

※円は電波の届く範囲
（無線LAN アクセスポイントの
パソコン側だけ広い）

　接続機器がある方向は電波が強くなるため、遠くまで電波が届きます。

通信阻害要因

　無線 LANは、有線 LANと違って外的要因による通信阻害を受けやすいと言えます。その主な原因と、対処を説明します。

● チャンネルの重複

　他の無線 LAN アクセスポイントと同じチャンネルを使ったり、周波数が重なるチャンネルを使ったりすると、速度が低下します。特に、2.4 GHz 帯の場合は、重ならないように使おうとすると、1ch、6ch、11chなど最大 3 チャンネルしか

使えません。対処方法は、他の無線 LAN アクセスポイントと周波数が重ならない チャンネルを使うことです。

● 電磁波など

　2.4 GHz 帯の場合、電子レンジが出す電磁波の周波数と重複しています。また、電子レンジ以外にも、同じ周波数を使うものが多数あり、これらが使われることで電波干渉が発生します。干渉した場合、速度低下や最悪は通信ができなくなります。対処方法は、5 GHz 帯を使うことです。

● マルチパスフェージング

　電波は、壁や床などで反射して、複数の方向から時間差で受信します。これを、マルチパスと呼びます。この時、干渉が発生して通信速度が遅くなったり、つながりにくくなったりすることがあります。これを、フェージングと言います。

　マルチパスフェージングが発生した場合、少し移動するだけで解消することがあります。また、複数のアンテナがあれば、強度が強い方のアンテナを使うことで通信を安定させられます。この他、電波を強めるビームフォーミングや、マルチパスから信号を合成する MIMO でも対策可能です。

2-06　無線 LAN 関連技術　まとめ

● 無線 LAN は、SSID ごとに認証方式や事前共有鍵を設定する。パソコンなどは、SSID を選択して接続する。
● 無線 LAN は、2.4 GHz と 5 GHz の周波数帯が使え、その中で複数のチャンネルから選択ができる。周波数が重複すると、干渉して速度低下につながる。
● アンテナには、指向性と無指向性がある。
● ローミングによって、移動しても接続先の無線 LAN アクセスポイントを自動で切り替えることができる。
● 無線 LAN コントローラーがあれば、複数の無線 LAN アクセスポイントに設定を配布できる。
● MIMO によって、高速化ができる。
● ビームフォーミングを使うと、遠くまで電波が届く。
● マルチパスフェージングによって、特定の場所だけ無線 LAN につながりにくいことがある。

2-07 冗長化技術

　Web サーバーが1台しかない場合、そのサーバーが障害で使えなくなると、Web ページを参照できなくなってしまいます。このため、重要なサーバーやルーターなどは2台以上の構成にして、1台が使えなくなっても他の機器でサービスや通信が継続できるようにします。これを、冗長化と言います。

　本章では、冗長化技術について説明します。

2
章

基本技術

VRRP

　VRRP (Virtual Router Redundancy Protocol) は、複数のルーターを1台の仮想的なルーターに見せることができます。

■VRRPのしくみ

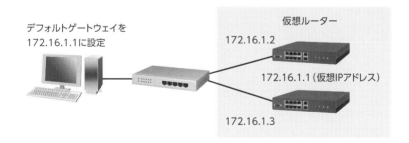

デフォルトゲートウェイを
172.16.1.1に設定

仮想ルーター
172.16.1.2

172.16.1.1 (仮想IPアドレス)

172.16.1.3

　上の図で、ルーターのポートに設定された IP アドレスは、172.16.1.2 と172.16.1.3 です。この2台 (3台以上も可能) は、同じ番号の VRID(Virtual Router IDentifier)を設定すると、1台の仮想ルーターになります。172.16.1.1 は、仮想ルーターで使う仮想 IP アドレスです。また、2台のルーターの内、優先度が高く設定された1台だけがアクティブになり、もう1台はスタンバイ (待機状態)

になります。

　パソコンやサーバーは、仮想 IP アドレスをデフォルトゲートウェイに設定することで、アクティブなルーター (マスタールーター) がルーティングを行って通信可能となります。

　マスタールーターは、マルチキャストパケットを定期的に送信します。待機状態のルーターはそれを監視していて、一定時間パケットが届かないと、マスタールーターに障害があったと判断して、自分がマスタールーターになります。

■VRRPにおけるマスタールーターの切り替え

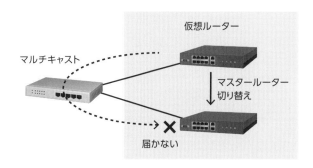

　切り替わったマスタールーターで、通信は継続されます。また、ルーターが複数台ある場合は、優先度にしたがってマスタールーターが決定します。

負荷分散

　サーバーに多数のアクセスがあった場合、1台のサーバーでまかないきれなくなってしまいます。負荷分散は、アクセスを複数のサーバーに分散させる機能です。

　振り分ける方法は、何通りかあります。

　ラウンドロビンは、1つ目の通信は1台目、2つ目の通信は2台目、3つ目の通信は1台目と順番に振り分ける方法です。

■負荷分散のしくみ

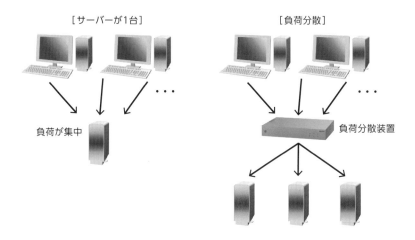

　この他にも、コネクション数が少ないサーバーに振り分ける方法、アクセスしているパソコンが少ないサーバーに振り分ける方法などがあります。
　振り分けると言っても、3ウェイハンドシェイク中にサーバーが変わってしまうと、通信が成り立たなくなってしまいます。また、Webサーバーにログイン中に違うサーバーに振り分けられると、そちらではログインしていないことになって、通信が拒否される可能性があります。

■セッション維持の理由

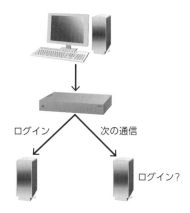

このため、同一セッション中は同じサーバーに振り分けるようになっています。

負荷分散装置は、サーバーに ping などを送信して監視しています。サーバーに障害が発生してエラーを検知すると、そのサーバーには振り分けません。サーバーが復旧すると、再度振り分けるようになります。

また、DNSを使った負荷分散もあります。DNS サーバーに分散対象のサーバーを設定しておき、DNSの問い合わせがあったときに、毎回異なる IP アドレスを応答すれば、通信するサーバーが分散されます。

■DNSによる負荷分散のしくみ

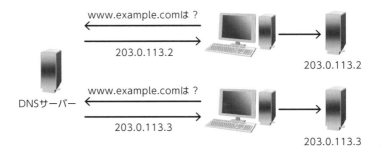

この方法は、負荷分散装置が不要ですが、監視ができないため、障害があったサーバーにも振り分けられてしまいます。

2-07 冗長化技術　まとめ

- 通信やサービスを途切れさせないために、冗長化技術が使われる。
- VRRP は、デフォルトゲートウェイを冗長化する。
- 負荷分散は、通信先のサーバーを振り分ける。障害があった場合は、他のサーバーだけでサービスを継続できる。

2-08　管理関連技術

　ルーターや LAN スイッチなどを管理するためには、ログインする必要があります。また、ルーターや LAN スイッチなどで、障害の調査をすることもできます。
　本章では、管理関連技術について説明します。

TELNET と SSH

　TELNET は、ルーターや LAN スイッチなどにログインするときに使うプロトコルです。ポート番号は、TCP の 23 番を使います。
　TELNET で、IP アドレスかホスト名を指定して接続すると、ユーザー ID やパスワードを入力してログインできます。ログイン後は、コマンドを使って操作ができます。

■TELNET を使ってログインする

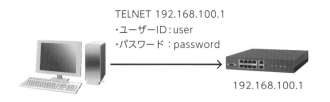

　ホスト名を指定するときは、router.example.com などと指定します。example.com 部分がドメイン名で、router は装置に付けられた名前です。router.example.com は、DNS によって IP アドレスに変換されます。
　TELNET は、暗号化せずに通信します。つまり、パスワードや通信のやりとりが盗聴される可能性があります。このため、不特定多数の人が使うネットワークでは、利用しません。

　暗号化してログインするプロトコルに、SSH (Secure Shell) があります。ポート番号は、TCPの22番を使います。

　SSHは、ユーザーIDとパスワードだけでなく、公開鍵暗号方式も使えます。接続する側で秘密鍵を作成し、接続先に公開鍵を渡します。接続先は、公開鍵を使って暗号化するため、対となる秘密鍵を持つ機器しかログインできません。

■SSHでの秘密鍵と共通鍵の利用方法

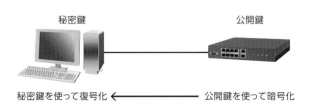

※その後、共通鍵暗号方式へ切り替える

　通信は、共通鍵暗号方式を使って暗号化されます。

　インターネットからSSHを受け付ける場合、日々ログインのアタックを受けます。ユーザーIDとパスワードでは、不正ログインされる可能性があります。このため、インターネットでSSHを受け付ける場合は、公開鍵暗号方式などの利用が必要です。

　なお、SSHにはSSHv1 (バージョン1) とSSHv2 (バージョン2) があります。SSHv1 は、脆弱性が指摘されていて、利用が推奨されていません。

　また、パソコンからTELNETやSSHを使う場合、一般的にはTeraTermなどのソフトウェアを利用します。TeraTermは、以下からダウンロードできます。

```
https://ja.osdn.net/projects/ttssh2/
```

ログ

　装置のエラー情報は、ログで確認できます。ログは、エラーだけでなく、ログイン成功・失敗などの情報も確認できます。

　以下は、ログの表示例です。

```
2019/12/10 11:32:32: Login succeeded for HTTP: 192.168.100.2
2019/12/10 11:32:32: 'administrator' succeeded for HTTP:192.168.100.2
2019/12/10 11:32:33: Configuration saved in "CONFIG0" by HTTPD
2019/12/10 11:32:49: LAN1: PORT2 link down
2019/12/10 11:32:49: LAN1: link down
2019/12/10 11:32:54: LAN1: PORT2 link up (1000BASET Full Duplex)
2019/12/10 11:32:54: LAN1: link up
```

　ログは、大量に出力されることもあるため、エラー情報や装置のハード障害など重要なログだけ出力するように、出力するログのレベルを設定できる装置もあります。

2-08 管理関連技術　まとめ

- ● ルーターなどにログインするためには、TELNETやSSHが使われる。
- ● 暗号化するためには、SSHを使う。
- ● エラーや障害を調査するためには、ログを利用する。

問1 以下を分断する装置は何ですか？

    a) コリジョンドメインを分断する

    b) ブロードキャストドメインを分断する

問2 以下の暗号化方式は、何と呼ばれますか？

    a) 通信する装置で同じ鍵を使う。

    b) 通信する装置で対となる鍵を使う。

解答

問1 以下のとおりです。

    a) LAN スイッチ、ルーター

    b) ルーター

49ページ「コリジョンドメイン」と、50ページ「ブロードキャストドメイン」をご参照ください。

問2 以下のとおりです。

    a) 共通鍵暗号方式

    b) 公開鍵暗号方式

63ページ「共通鍵暗号方式」と、64ページ「公開鍵暗号方式」をご参照ください。

3章
IPルーティングと
VPN技術

イントラネットは、ネットワークを分割し
てルーティングすることができます。また、
インターネットと接続したり、拠点間を接
続したりする場合、ルーティング以外の技
術を使う必要があります。3章では、これ
らに関連する技術について説明します。

3-01	インターネットとの接続

　インターネットと接続するためには、IP アドレスを変換したり、セキュリティを確保したりする必要があります。

　本章では、インターネットと接続する上で、理解しておくべき内容について説明します。

LAN と WAN

　ネットワークには、LAN (Local Area Network) と WAN (Wide Area Network) という区分の仕方があります。

　LAN の例としては、家庭内のネットワークがあります。家庭内の機器との通信であれば、比較的セキュリティも心配ありません。他には、会社の事務所内のネットワークです。このように、1 拠点内で接続されたネットワークが LAN です。

　WAN の例としては、拠点間を接続する部分です。NTT などが貸し出す専用線を利用して、LAN 間を接続します。

■LAN と WAN

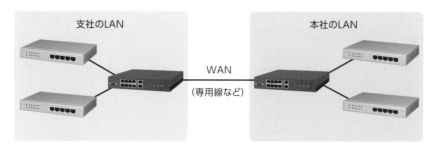

また、インターネットも WAN の 1 つです。ISP (インターネット・サービス・プロバイダー) と契約して、インターネットに接続します。

　フレッツ光などの光ファイバーケーブルを利用した接続は、FTTH (Fiber To The Home) と言います。FTTH では、ISP と契約すると ONU (Optical Network Unit) が貸し出されます。この ONU に接続することで、ISP と通信できるようになります。

■インターネットとの接続形態

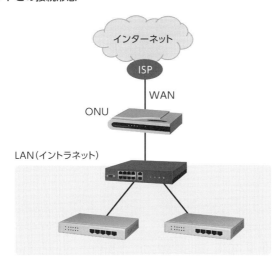

　インターネットには、FTTH 以外にもメタルケーブル (電話線) を利用した ADSL (Asymmetric Digital Subscriber Line)、CATV (ケーブルテレビ)、携帯電話網で接続することもあります。

　インターネットに対して、LAN 内部をイントラネットとも呼びます。イントラネットでは、インターネットからの通信を極力遮断して、セキュリティを確保する必要があります。

グローバルアドレスとプライベートアドレス

IP アドレスの使い方には、決まりがあります。インターネットで使える IP アドレスをグローバルアドレス、イントラネットで使える IP アドレスをプライベートアドレスと呼びます。次の表は、それぞれで使える IP アドレスの範囲です。

■ グローバルアドレスとプライベートアドレスの範囲

区分	IP アドレスの範囲
グローバルアドレス	0.　0. 0. 0 ～ 223.255.255.255 ※プライベートアドレス範囲を除く
プライベートアドレス	10.　0. 0. 0 ～　10.255.255.255
	172. 16. 0. 0 ～ 172. 31.255.255
	192.168. 0. 0 ～ 192.168.255.255

IP アドレスは住所の役目をするため、グローバルアドレスはインターネットの中で重複しないように IANA を中心に管理されており、一意になっています。プライベートアドレスは、インターネットでは使わないため自由に設定できますが、通信する範囲では重複しないように割り当てる必要があります。

NAT

イントラネットとインターネットの間で通信する際は、プライベートアドレスとグローバルアドレスの間で変換が行われます。これを、NAT (Network Address Translation) と呼びます。

アドレスを変換するのは、プライベートアドレスがインターネットで利用できないためです。

例えば、インターネットから送信するときは、以下のように変換されます。

■NATのしくみ（送信時）

サーバーへの通信で、宛先がグローバルアドレスの203.0.113.2からプライベートアドレスの192.168.100.2へ変換されています。ルーターには、203.0.113.2と192.168.100.2との間で変換する設定をしておきます。

送信元は、最初からグローバルアドレスの203.0.113.4が使われるため、変換されません。

応答時は、以下のように変換されます。

■NATのしくみ（応答時）

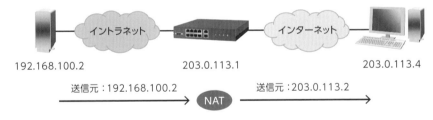

送信元がプライベートアドレスの192.168.100.2から、グローバルアドレスの203.113.2に変換されています。宛先は、203.0.113.4のまま変換されません。

このように、NATを利用すれば、プライベートアドレスを設定しているサーバーにも、インターネットからアクセス可能になります。

NAPT

NAPT（Network Address Port Translation）は、IP アドレスだけでなく、ポート番号も含めて変換するしくみです。IP マスカレードとも呼ばれます。

NAPT では、送信時は次のように変換されます。

■ NAPT のしくみ（送信時）

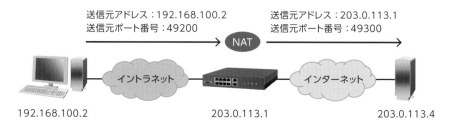

送信元アドレス：192.168.100.2　　　　送信元アドレス：203.0.113.1
送信元ポート番号：49200　　　　　　　送信元ポート番号：49300

NAT

イントラネット　　　　　　　　　　インターネット

192.168.100.2　　　　　　　　203.0.113.1　　　　　　　　203.0.113.4

送信元の IP アドレスだけでなく、ポート番号も変換されています。送信元 IP アドレスは、ルーターに設定された IP アドレスと重複していますが、問題ありません。ルーターが使うポート番号と重複しないように変換されます。また、ルーターと異なる IP アドレスに変換させることもできます。

宛先の IP アドレスは 203.0.113.4 で、ポート番号も Web サーバーであれば 80 番などで変換はされません。

このとき、ルーターには以下のような変換表（NAPT テーブル）が作成されます。

■ NAPT テーブル

変換前		変換後	
IP アドレス	ポート番号	IP アドレス	ポート番号
192.168.100.2	49200	203.0.113.1	49300

応答時は、このテーブルを基に次のように変換されます。

■ NAPTのしくみ（応答時）

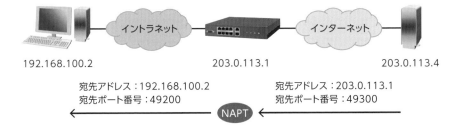

192.168.100.2   203.0.113.1   203.0.113.4

宛先アドレス：192.168.100.2   宛先アドレス：203.0.113.1
宛先ポート番号：49200   宛先ポート番号：49300

← ──────────────── ←
              NAPT

サーバーからのパケットは、宛先 IP アドレスが 203.0.113.1、宛先ポート番号
が 49300 になっています。これを NAPT テーブルと比較して、対応する IP アド
レス 192.168.100.2 と、ポート番号 49200 に変換します。

もし、IP アドレスが 192.168.100.3 のパソコンが、送信元ポート番号 49500
で通信したとします。そのときは、送信元の IP アドレスが 203.0.113.1 でポート
番号 49600 などに変換されて、インターネットと通信します。

送信元として使われるグローバルアドレスは、203.0.113.1 で同じです。つま
り、NAPT であれば 1 つのグローバルアドレスで、多数のパソコンがインターネッ
トを利用できます。

PPPoE

PPPoE (Point-to-Point Protocol over Ethernet) は、ISP と接続するときに使
うプロトコルです。

元々、ダイアルアップ回線 (電話回線など) でインターネットを利用するこ
とができました。この際、ユーザー ID やパスワードによる認証や、IP アドレス
の割り当てなども自動で行うことができました。このときに使われていたのが、
PPP というプロトコルです。

PPP では、PAP (Password Authentication Protocol) や CHAP (Challenge
Handshake Authentication Protocol) を使って認証を行います。PAP は、パス
ワードをそのまま送信しますが、CHAP はハッシュ値で送信して認証します。

ダイアルアップ回線でなくなっても、このしくみを利用できるようにしたのが
PPPoE です。PPPoE は、フレームのペイロード部分に、次のように組み込まれます。

■PPPoEの構造

IP パケット	PPP	PPPoE
最大 1492 byte	2 byte	6 byte

　IP パケットの前に PPPoE や PPP を組み込むため、送信可能な IP パケット長を示す MTU は、1492 byte（＝ 1500 − 2 − 6）になります。フレッツ光などでは、他の情報も付与するため、1454 byte が MTU になります。

IPoE

　IPv6 では、PPPoE を利用せずにインターネットと通信できます。これが、IPoE（IP over Ethernet）です。通常のフレーム構造で通信できるため、ネイティブ方式とも呼ばれます。このため、MTU も 1500 byte のまま変わりません。
　PPPoE では、ISP が提供するネットワークを経由して、インターネットと通信します。

■PPPoEではISPを経由するため認証が必要

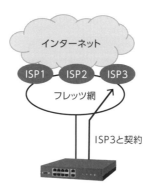

　IPoE では、ISP を経由せずにインターネットと通信できます。このため、ISP を使うための認証が不要というわけです。

IPoEは、IPv6しか使えませんが、IPv4パケットをIPv6パケットでカプセル化することができます（IPv4 over IPv6と言います）。つまり、IPv4をIPv6として扱えるということです。通信の途中で元のIPv4に戻すことで、IPv4アドレスしか設定されていない機器と通信が可能になります。

パケットフィルタリング

パケットフィルタリングを利用すると、通信を遮断できます。

例えば、送信元が172.16.1.2、宛先が172.16.2.3のパケットを遮断、または透過するといった設定ができます。この設定は、複数記述できます。

複数記述した場合は、優先度にしたがって内容に一致すると処理されますが、すべてに一致しなかった場合は、一般的に暗黙の遮断が行われます。

■パケットフィルタリングの記述例

```
①送信元 172.16.1.2 からの通信はすべて透過
②送信元 172.16.1.3 から宛先 172.16.2.2 へは透過
③送信元 172.16.1.4 から宛先 172.16.3.3 へは透過
④送信元 172.16.1.5 から宛先 172.16.4.4 へは透過
（暗黙の遮断）
```

上記②で送信元172.16.1.3、宛先172.16.2.2のパケットを透過する設定をしていますが、応答パケットが透過していなければ通信は成立しません。このため、ステートフルインスペクションの機能を持った機器では、応答パケットも自動で透過するようになっています。

なお、インターネットと接続したルーターでは、インターネットからの通信は必要なもの以外すべて遮断し、イントラネットからインターネットへの通信だけ許可します。このように、インターネットとの接続口でパケットフィルタリングを実装する装置を、ファイアウォールと言います。

3章

IPルーティングとVPN技術

DNS フォワーダー

インターネットにある DNS サーバーへの問い合わせは、通常はパソコン 1 台 1 台が行うのではなく、代わりに DNS フォワーダー (リカーシブサーバー) が行います。

■DNSフォワーダーのしくみ

上記のように、DNS フォワーダーは、ルーターが兼用することもあります。また、ルーターからの問い合わせは、さらに ISP の DNS フォワーダーにまかせることができます。

DNS フォワーダーは、問い合わせで入手した IP アドレスの情報は、しばらく覚えています。もし同じ問い合わせがパソコンからあると、問い合わせすることなくすぐに回答できます。これを、DNS キャッシュと呼びます。

つまり、DNS フォワーダーによって、DNS の問い合わせをなるべく少なくして、早く通信を開始することができます。

3-01　インターネットとの接続　まとめ

- IP アドレスには、グローバルアドレスとプライベートアドレスがある。
- グローバルアドレスとプライベートアドレスの変換は、NAT や NAPT で行われる。
- インターネットと通信するために、IPv4 向けに PPPoE、IPv6 向けに IPoE が使われる。
- 通信を遮断するために、パケットフィルタリングを使う。
- インターネットの接続口でパケットフィルタリングを実装する装置を、ファイアウォールと言う。

サブネット

　イントラネットでは、IP アドレスの範囲を分割してルーティングさせることができます。

　本章では、サブネットについて説明します。

ネットワークの分割

　イントラネットに接続される機器が多くなると、通信が輻輳して (膨大になって) 遅くなったり、途切れたりする可能性があります。

　例えば、ARP はブロードキャストで送信されますが、ルーターを超えて通信はしません。このため、間にルーターがあると、ブロードキャストドメインを分割して、通信が輻輳する可能性を少なくできます。

　ブロードキャストが通信する範囲をルーターで分割するためには、サブネット化を行います。

■サブネットのイメージ

　サブネットは、サブネット番号で表せます。例えば、172.16.1.0 や 172.16.2.0 などです。

　実は、ルーターにはポートごとに IP アドレスを設定します。このため、ポートに対して IP アドレス 172.16.1.1、サブネットマスク 255.255.255.0 といった設定ができます。サブネットマスクは、サブネット番号を決めるためのものです。

　IP アドレスが 172.16.1.1、サブネットマスクが 255.255.255.0 の場合、 論

理積 (AND) を計算するとサブネット番号は172.16.1.0となります。論理積を簡単に説明すると、サブネットマスクが255の部分はIPアドレスの数字を変えず、サブネットマスクが0のところはIPアドレスを0に変える計算です。

■簡単なサブネット番号の計算

IP アドレス	**172**	**16**	**1**	1
サブネットマスク	255	255	255	0
サブネット番号	**172**	**16**	**1**	0

このサブネットに接続したパソコンで使えるIPアドレスは、サブネット番号が0の部分が可変で、172.16.1.0〜255の範囲です。ただし、172.16.1.0 (サブネット番号) と172.16.1.255 (ブロードキャストアドレス) は特別なIPアドレスのため、パソコンには割り当てられません。

つまり、パソコンに割り当てられるIPアドレスは、172.16.1.1〜254の範囲で、ルーターなども含めて254台の機器が利用できることになります。

もう1つのポートに対して、IPアドレス172.16.2.1、サブネットマスク255.255.255.0で設定すると、サブネット番号172.16.2.0のネットワークができます。それぞれのサブネットにパソコンやサーバーを接続すると、ルーティングによって通信が可能になります。

■サブネット間のルーティング

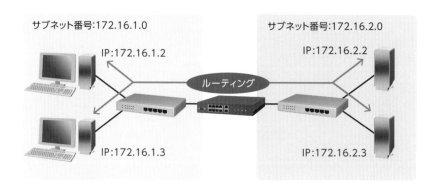

サブネット番号:172.16.1.0
IP:172.16.1.2
ルーティング
IP:172.16.1.3

サブネット番号:172.16.2.0
IP:172.16.2.2
IP:172.16.2.3

サブネット番号の計算

　IP アドレスが 172.16.1.130 で、サブネットマスクが 255.255.255.0 のような場合は、サブネット番号を求めるのも簡単です。サブネットマスクが 0 の部分だけ IP アドレスを 0 に変えればいいので、サブネット番号は 172.16.1.0 になります。

　サブネットマスクは、255.255.255.192 なども使えます。この場合、サブネット番号は 172.16.1.128 になります。これは、計算で求める必要があります。

　計算の方法ですが、最初にすべてを 2 進数に変換します。

　IP アドレス 172.16.1.130、サブネットマスク 255.255.255.192 の場合、すべてを 2 進数に変換すると以下になります。

■ IPアドレスを2進数に変換した結果

進数	IP アドレス			
10 進数	172	16	1	130
2 進数	1010 1100	0001 0000	0000 0001	1000 0010

■ サブネットマスクを2進数に変換した結果

進数	サブネットマスク			
10 進数	255	255	255	192
2 進数	1111 1111	1111 1111	1111 1111	1100 0000

　2 進数に変換した後は、IP アドレスとサブネットマスクで論理積の計算をします。論理積は先ほど簡単に説明しましたが、実際は IP アドレスとサブネットマスクの 2 進数で同じ列を比較して、ともに 1 の場合は 1、それ以外は 0 が結果になります。

■ IPアドレスとサブネットマスクを倫理積で計算した結果

IP アドレス	1010 1100	0001 0000	0000 0001	1000 0010
サブネットマスク	1111 1111	1111 1111	1111 1111	1100 0000
結果	1010 1100	0001 0000	0000 0001	1000 0000

　結果を10進数に変換すると、172.16.1.128になります。これが、サブネット番号です。

　なお、毎回2進数に変換して計算するのは面倒です。このため、暗算でもできるように、実際には次から説明するように計算します。

　サブネットマスクが255のところは、2進数ではオール1（11111111）のため論理積をとってもIPアドレスそのままの数字、0のところはサブネット番号も0になります。つまり、IPアドレス172.16.1.130でサブネットマスク255.255.255.192の場合、172.16.1.**xx**まではすぐに判断できます。求めるのは、**xx**部分です。

　xx部分のサブネットマスクは、2進数で1000 0000、1100 000、1110 0000などと1が多くなるたびに10進数で128、128の半分の64を足した192、64の半分の32を足した224が使われると覚えます。これを示したのが、以下の表です。これ以外が使われることは、ありません。

■サブネットマスクで使われる数字の覚え方

2進数	サブネットマスクで使われる数字	上の数字との差
0000 0000	0	
1000 0000	**128**	128
1100 0000	192	**64**
1110 0000	224	32
1111 0000	240	16
1111 1000	248	8
1111 1100	252	4
1111 1110	254	2

　ポイントは、最初の**128**を覚えること、次はその半分の数字（**64**）を足すこと、その次からは足した半分の数字を足すことです。この足す数字が上の表の、「上の数字との差」で示した数字です。

最初の128、または足した数字ずつサブネット番号は増えていきます。

　サブネットマスクが255.255.255.192の場合の192は、128にその半分の数字である64を足した数字です。このため、使えるサブネット番号は次のように64ずつ増えていきます。

■使えるサブネット番号

サブネット番号	上の数字との差
0	-
64	64
128	64
192	64

　IPアドレスは、サブネット番号と次のサブネット番号の間の数字になるため、IPアドレスを越えない最大値が求めるサブネット番号になります。つまり、IPアドレスが172.16.1.130の場合は、130を越えない最大値として128が該当するため、サブネット番号は172.16.1.128になります。

　もう1つ例を挙げます。IPアドレスが172.16.160.1で、サブネットマスクが255.255.128.0の場合です。

　172.16.**xx**.0までは、すぐに判断できます。求めるのは、**xx**部分です。

　サブネットマスクの**xx**部分に該当する128は、「上の数字との差」では128です。このため、サブネット番号も128ずつ増えます。つまり、172.16.0.0、172.16.128.0の2つのサブネットが存在できます。IPアドレス172.16.160.1の160は128以上なので、サブネット番号は172.16.128.0になります。

　このサブネットで使えるIPアドレスは、172.16.128.0から172.16.255.255です。172.16.128.0と172.16.255.255は使えないため、使えるIPアドレスの数は32,766個（＝128×256－2）になります。

IPルーティングとVPN技術

VLSM

　サブネットマスクは、ネットワーク内で統一する必要はなく、変えることもできます。これを、VLSM（Variable Length Subnet Mask：可変長サブネットマスク）と言います。

　例えば、サブネットマスクに255.255.255.128を使っていたとします。この場合、使えるIPアドレスは126個です。

　あるサブネットで200個のIPアドレスが必要になって、126個では不足するとします。この場合、ルーターのポート1では255.255.255.128のサブネットマスクを使い続け、ポート2では255.255.255.0のサブネットマスクを設定します。これで、ポート2では使えるIPアドレスが254個になります。

　通常、パソコンなどを設置する場所によって、接続する台数は10台、100台、200台などさまざまです。

■VLSMの利用例

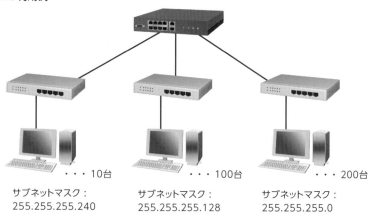

サブネットマスク：
255.255.255.240　・・・10台

サブネットマスク：
255.255.255.128　・・・100台

サブネットマスク：
255.255.255.0　・・・200台

　このようなときに、VLSMが使えます。

サブネットプレフィックス

サブネットプレフィックスは、サブネットマスクと同じ意味です。

例えば、サブネットマスクの255.255.255.0を2進数で表すと、
「1111 1111.1111 1111.1111 1111.0」になります。この1の数が、サブネットプレフィックスの長さです。この場合、長さは24です。

もう1つ例を挙げます。サブネットマスク255.255.255.128を2進数で表すと、「1111 1111.1111 1111.1111 1111.1000 0000」になります。1の数は25個あるため、サブネットプレフィックスの長さは、25になります。

このサブネットプレフィックスの長さを使って、172.16.1.1/24や172.16.1.1/25などと表記されます。スラッシュ(/)の後が、サブネットプレフィックスの長さです。この記述方法は、プレフィックス表記と呼ばれます。

サブネット番号などの計算は、サブネットマスクを使った場合と同じです。

3-02 サブネット　まとめ

- ネットワークを分割するために、サブネットを使う。
- サブネットマスクは可変にできて、VLSMと呼ばれる。
- サブネットマスクではなく、サブネットプレフィックスを使って記述もできる。

3-03　CIDR

　IPアドレスは、クラス分けされていて、使える IP アドレスの数が決まっています。しかし、IP アドレスが枯渇してきた今では、クラス分けせずに IP アドレスが使えるようになっています。
　本章では、クラスフル ルーティングとクラスレス ルーティングについて説明します。

クラスフル ルーティング

　IP アドレスは、範囲によって以下のとおりクラス分けされています。

■IPアドレスのクラス

クラス	説明	ネットワークアドレス範囲	種類
クラス A	0. 0. 0. 0 〜 127.255.255.255	8 bit (最初の「.」まで)	ユニキャスト
クラス B	128. 0. 0. 0 〜 191.255.255.255	16 bit (2 つ目の「.」まで)	ユニキャスト
クラス C	192. 0. 0. 0 〜 223.255.255.255	24 bit (3 つ目の「.」まで)	ユニキャスト
クラス D	224. 0. 0. 0 〜 239.255.255.255	-	マルチキャスト
クラス E	240. 0. 0. 0 〜 255.255.255.255	-	予約

　例えば、IP アドレスが**10**.1.1.1 (クラス A) の場合、最初のドット (.) までの**10** に、0.0.0 を追加して10.0.0.0 がネットワークアドレスと呼ばれます。10 を除いた0.0.0 〜 255.255.255 (約 1,677万個) が、使える IP アドレスの範囲です。ネットワークアドレス以外の部分を、ホスト部と言います。
　クラス Bでは、0.0 〜 255.255 (約 65,000個) までが、使える IP アドレスの範囲、クラス Cでは0 〜 255 になります。

クラス A は巨大な組織向け、クラス B は中規模、クラス C は小規模向けになります。

　以前は、このクラスにしたがって企業にグローバルアドレスを割り当てていました。ルーティングも、途中に別のネットワークアドレスがあるとルーティングできません。ネットワークアドレスが混在する前提になっていないためです。これをクラスフル ルーティングと言います。

　例えば、172.16.0.0 の途中に 172.17.0.0 のネットワークがあると、ルーティングできません。

クラスレス ルーティング

　使える IP アドレスの数を見てわかるとおり、クラスによって非常に差があり、クラス C で少し足りない、クラス B では多すぎるなど、柔軟に対応できません。このため、クラスにしたがって組織にネットワークアドレスを割り当てていると、クラス C で足りない組織に対してクラス B を割り当てる必要があるなど無駄が多く、IP アドレスが不足してきました。

　そこで、クラスの概念をなくしたのが CIDR (Classless Inter-Domain Routing) です。CIDR は、クラスを使わないルーティング (クラスレス ルーティング) ができます。このため、172.16.0.0 の途中に 172.17.0.0 のネットワークがあっても、ルーティングできます。

　CIDR では、172.16.1.1/24 などプレフィックスで記述します。プレフィックスを付けることで、172.16.1.0 をネットワークアドレスとして扱います。

　つまり、クラス B を分割できるようになります。

項目	8 bit	8 bit	8 bit	8 bit
IP アドレス	172	16	1	1
クラスでの分割	ネットワークアドレス		ホスト部	
CIDR の /24 での分割	ネットワークアドレス			ホスト部

3 章
IP ルーティングと VPN 技術

　これで、1つのクラスBのネットワークアドレスを、複数の組織に割り当て可能になります。

　もう1つの例です。192.168.1.1/16と表記した場合、192.168.0.0がネットワークアドレスになります。こちらは、クラスCでよりたくさんのIPアドレスが使えるように、結合しています。

項目	8 bit	8 bit	8 bit	8 bit
IPアドレス	192	168	1	1
クラスでの分割	ネットワークアドレス			ホスト部
CIDRの/16での分割	ネットワークアドレス		ホスト部	

　CIDRは、これまでクラスBでなければ足りなかった組織に対して、クラスC相当の範囲を2つ渡すなどでアドレスを節約できるため、IPアドレスの枯渇対策にも役立っています。

　なお、サブネットマスクと非常によく似ていますが、組織内で勝手に分割するサブネットはインターネットでは使えません。CIDRは、ネットワークアドレス部分を示すためのものであり、インターネットで使えます。また、CIDRで分割、結合したネットワークアドレスをさらにサブネットマスクで分割できます。

3-03   CIDR まとめ

- IPアドレスは、クラス分けされている。
- CIDRによって、クラスに関係なくグルーバルアドレスの割り当てが可能になった。

ルーティングの種類と経路の決定

ルーティングについてはこれまでも説明してきましたが、ここでは少し掘り下げて説明します。

スタティックルーティング

スタティックルーティングは、すでに説明したとおり、経路を手動で登録する方法です。

宛先に到達するために、次のルーターの IP アドレス (ゲートウェイ、またはネクストホップアドレスと呼ばれます) を設定します。

■ スタティックルーティングのしくみ

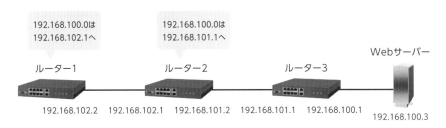

192.168.100.0は
192.168.102.1へ

192.168.100.0は
192.168.101.1へ

Webサーバー

ルーター1　　　　　　　ルーター2　　　　　　　ルーター3

192.168.102.2　192.168.102.1　192.168.101.2　192.168.101.1　192.168.100.1　　192.168.100.3

※サブネットマスクは、255.255.255.0 とします。

各ルーターは、最終的な宛先となる192.168.100.0 (通常はサブネットで設定します) へ届けるための経路として、次のゲートウェイを設定します。この経路は、複数の宛先を設定できるため、宛先とゲートウェイをセットにして覚えており、ルーティングテーブルと呼ばれます。

ルーター 3 は、Web サーバーが直接接続されているため、192.168.100.3 宛てのスタティックルーティングは設定不要です。直結している場合は、自動でルー

ティングテーブルに反映されるためです。

　しかし、Web サーバーから戻りの通信をルーティングするためには、ゲート
ウェイとして192.168.101.2 を指定したスタティックルーティングの設定は必要
です。つまり、スタティックルーティングでは、行きと帰りの両方で経路を設定
する必要があります。

　スタティックルーティングは、しくみが簡単なため小規模なネットワークでの
採用に向いています。ただし、経路を1つ1つ設定する必要があるため、規模が
少しでも大きくなると設定が大変です。また、運用を開始した後で経路が増える
と、その経路が関係するすべてのルーターで設定を変更する必要があります。

ダイナミックルーティング

　ダイナミックルーティングは、自動で経路を教え合うしくみです。

■ダイナミックルーティングのしくみ

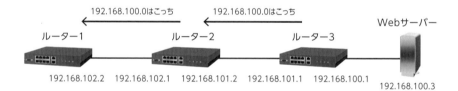

　経路を1つ1つ設定する必要がないため、大規模なネットワークでも対応でき
ます。もし、運用を開始した後に経路が増えた場合でも、途中のルーターには自
動でルーティングテーブルへ反映され、通信可能になります。

　イントラネットでダイナミックルーティングを行うためには、RIP (Routing
Information Protocol) 、または OSPF (Open Shortest Path First) などが使え
ます。次の表は、それぞれの特徴です。

■RIPとOSPFの特徴

ルーティングプロトコル	特徴
RIPv1 (RIP バージョン1)	複雑な設定をしなくても動作します。小規模なネットワーク向きです。VLSM 未対応でクラスフル ルーティングです。
RIPv2 (RIP バージョン2)	RIPv1 とほとんど同じですが、VLSM 対応でクラスレス ルーティングできます。
RIPng	IPv6 用の RIP です。
OSPF	概念を理解して設定する必要がありますが、比較的大規模なネットワークにも対応できます。VLSM 対応でクラスレス ルーティングできます。
OSPFv3	IPv6 用の OSPF です。

RIP や OSPF は、ルーティングプロトコルと言われています。

デフォルトルート

すべての経路がルーティングテーブルにないと通信できないかと言えば、そうではありません。宛先に対するゲートウェイが1つであれば、すべてのルーティングをまかせることができます。これを、デフォルトルートと言います。

■デフォルトルート

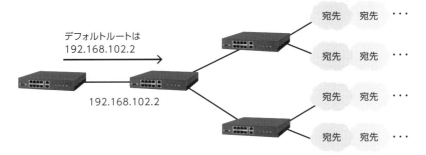

上の例では、すべての通信を 192.168.102.2 へ送信すれば、あとはそのルーターがルーティングしてくれます。

インターネットには無数の宛先があります。このため、イントラネットからインターネットへ向けてデフォルトルートがよく使われます。

ロングストマッチ

以下のネットワークがあったとします。

■ロングストマッチを説明するためのネットワーク

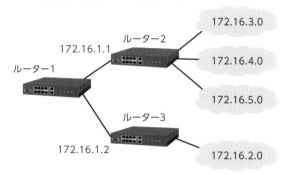

※サブネットマスクは、すべて255.255.255.0とします。

172.16.0.0 のネットワークアドレスを持つ機器の多くは、ルーター 2 の先に接続されているとします。ただし、サブネット番号 172.16.2.0 の機器だけは、ルーター 3 に接続されているとします。

この場合、ルーター 1 のスタティックルーティングは、以下のように設定できます。

項	IP アドレス	サブネットマスク	ゲートウェイ
①	172. 16. 0. 0	255.255. 0. 0	172. 16. 1. 1
②	172. 16. 2. 0	255.255.255. 0	172. 16. 1. 2

もし、宛先を 172.16.3.10 とするパケットがルーター 1 に届いたら、ルーター 2 にルーティングします。これは、ルーティングテーブルの項①に一致するためです。

もし、宛先を 172.16.2.10 とするパケットがルーター 1 に届いたら、ルーター 3 にルーティングします。これは、ルーティングテーブルの項②に一致するためです。

しかし、宛先が 172.16.2.10 の場合は、項①にも一致します。項①は、IP アド

レスが172.16.0.0でサブネットマスクが255.255.0.0なので、使えるIPアドレスの範囲が172.16.0.0から172.16.255.255となって、この範囲に含まれるからです。

複数の項と一致した場合、ロンゲストマッチ というルールが適用されます。ロンゲストマッチは、サブネットマスクの数字が大きい方 (プレフィックスが長い方) を優先するというルールです。

これによって、宛先が172.16.2.10のパケットは項②によって、ルーター3にルーティングされます。

ロンゲストマッチによって、多数のサブネットを1つの経路にまとめて設定し (例では①)、例外の経路 (②) を作りたいといったことが可能になります。

なお、デフォルトルートはサブネットマスク 0.0.0.0 で表されるため、優先度としては一番低くなります。このため、他のルートに一致しなかったときの最後のルートとして選択されます。

アドミニストレーティブ ディスタンス

デフォルトの状態では、RIP と OSPF で同じ経路情報を受信した場合、OSPF の情報がルーティングテーブルに反映されます。

■ RIPとOSPFで同じ経路を受信

RIP   OSPF

172.16.1.0 はこっち   172.16.1.0 はこっち

この優先順位は、アドミニストレーティブ ディスタンスと言われます。アドミニストレーティブ ディスタンスの値は次ページの表のようになっていて、数字が低いほど優先順位が高くなります。

経路の情報元	アドミニストレーティブ ディスタンス値
直接接続されたポート	0
スタティックルーティング	1
OSPF、OSPFv3	110
RIPv1、RIPv2、RIPng	120

設定によって、値を変えることもできます

経路の優先順位

ロンゲストマッチやアドミニストレーティブ ディスタンスなどは、実際に経路を決める場合にどのように影響するのか説明します。

例えば、以下のネットワークがあったとします。

■経路の優先順位を説明するためのネットワーク

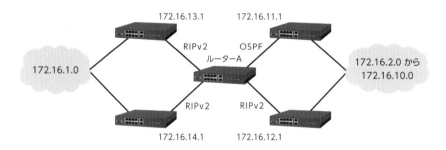

※サブネットマスクは、すべて255.255.255.0 とします。

ルーター Aが、右ページの表の経路を受信したとします。172.16.2.0 〜172.16.10.0 は 172.16.0.0 に集約されています（①と②）。

■ルーターAが受信する経路

項	IPアドレス	サブネットマスク	ゲートウェイ	プロトコル	メトリック
①	172.16.0.0	255.255. 0.0	172.16.11.1	OSPF	10
②	172.16.0.0	255.255. 0.0	172.16.12.1	RIPv2	1
③	172.16.1.0	255.255.255.0	172.16.13.1	RIPv2	1
④	172.16.1.0	255.255.255.0	172.16.14.1	RIPv2	2

メトリックとは、経由するルーターの数やネットワークの速さを示す数値です。例えば、RIPではルーターを経由するたびに、メトリック (RIPではホップ数と言います) が1増えます。OSPFでは、ポートの速さで数値 (OSPFではコストと言います) が決まっていて、ルーターを経由するたびに加算されます。

つまり、メトリックが小さい方が、早く到達できるということです。

ルーター Aが受信する経路で、①と②は同じ経路ですが、アドミニストレーティブ ディスタンス値が OSPF の方が小さいため、ルーティングテーブルには①が反映されます。

③と④は同じ経路でアドミニストレーティブ ディスタンス値も同じですが、メトリック値が③の方が小さいためルーティングテーブルには③が反映されます。

したがって、ルーティングテーブルは以下になります。

■ルーターAのルーティングテーブル

項	IPアドレス	サブネットマスク	ゲートウェイ	プロトコル	メトリック
①	172.16.0.0	255.255. 0. 0	172.16.11.1	OSPF	10
③	172.16.1.0	255.255.255. 0	172.16.13.1	RIPv2	1

実際の通信で、172.16.1.1宛ての通信が来たとき、ロンゲストマッチで RIPv2 の経路 (③) が選択されます。

172.16.2.1宛ての場合は RIPv2 の経路にマッチしないため、OSPFの経路 (①) が選択されます。

3章

IPルーティングとVPN技術

VLAN 間ルーティング

　LAN スイッチでも、ルーティングできるものがあります。これを、L3 スイッチと呼びます。L は Layer (層) の略で、3 層のネットワーク層を扱ってルーティングできるためです。

　L3 スイッチは、VLAN に対して IP アドレスやサブネットマスクを設定し、ルーティングを行います。

■ L3スイッチはVLANにIPアドレスを設定する

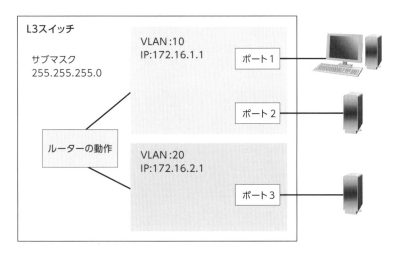

VLANは、ポートをグループ化したものと説明しました。そのVLANにIPアドレスを設定してルーティングを行うため、VLAN間ルーティングと呼ばれます。つまり、VLAN内の通信(左ページの図でポート1とポート2の間)はMACアドレステーブルを見た転送、VLAN間(ポート1、2とポート3の間)はルーティングテーブルを見たルーティングを行うということです。

　左ページの図では、VLAN:10に接続されたパソコンとサーバーは、サブネット番号172.16.1.0で使えるIPアドレス(172.16.1.2〜254)を設定する必要があります。
　VLAN:20に接続されたサーバーは、サブネット番号172.16.2.0で使えるIPアドレス(172.16.2.2〜254)を設定する必要があります。
　なお、ルーティングしないLANスイッチは、L3スイッチと対比させてL2スイッチとも呼ばれます。

3-04　ルーティングの種類と経路の決定　まとめ

- 経路を決定するために、アドミニストレーティブ ディスタンスやメトリック、ロンゲストマッチが使われる。
- デフォルトルートは、ロンゲストマッチの中で一番優先度が低い。
- イントラネットで使われるルーティングプロトコルには、RIPv1、RIPv2、RIPng、OSPF、OSPFv3がある。
- L3スイッチは、VLAN間ルーティングができる。

3-05 VPN

VPN (Virtual Private Network) は、インターネットのように不特定多数の人が使うネットワークで、安全な通信路を確保する技術です。

本章では、VPNについて説明します。

トンネリング

VPNを支える技術の1つが、トンネリングです。トンネリングにより、元々のパケットにインターネットで使えるグローバルアドレスを追加 (カプセル化) して送信することで、インターネットでルーティングできるようになります。受信側は、追加された IP アドレスを外して、元々の宛先の IP アドレスと通信できるようにします。

■トンネリングのしくみ

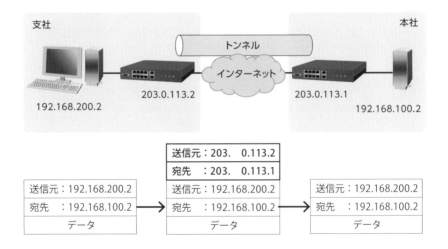

カプセル化によってトンネルを構築し、仮想的に相手ネットワークと直結します。これによって、パソコンやサーバーから見ると、本社のルーターと支社のルーターを直接接続した状態と同じになります。つまり、パソコンとサーバー間の通信でインターネットが途中にあっても、宛先 IP アドレスをプライベートアドレスで指定できるというわけです。

このときの留意点としては、本社と支社のサブネットを同じにしないことです。同じサブネット間では、ルーティングできません

IPsec

単純にトンネルで接続しただけでは、認証も暗号化もしないため、インターネットで利用するのは危険です。拠点間を、認証や暗号化して通信するための方法として、IPsec (IP Security Architecture) があります。

■IPsecのしくみ

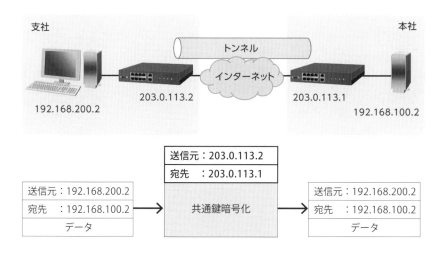

このように暗号化する場合は、ESP (Encapsulating Security Protocol) トンネルモードと呼ばれます。IPsecには暗号化しない方法もあって、AH (Authentication Header) トンネルモードと呼ばれます。AH トンネルモードは、認証は行います。

　一般的に、暗号化が許可されないなど事情がなければ、拠点間を接続するとき
は ESP トンネルモードが使われます。

IKE

　IPsecは、2段階のフェーズにより、トンネルを確保して通信を行います。こ
の2段階のフェーズを、IKE (Internet Key Exchange) と言います。
　各フェーズの概要は、以下のとおりです。

・フェーズ1
　接続相手の認証を行い、フェーズ 2 の通信路 (ISAKMP SA: Internet Security
Association and Key Management Protocol Security Association) を確保す
るために暗号化方式などをやりとりします。認証は、事前共有鍵や電子証明書を
使います。
・フェーズ2
　ISAKMP SA の中で、実際にデータをやりとりする通信路 (IPsec SA) を確保す
るための暗号化方式や、共通鍵の作成を行います。

　ISAKMP SA は、IPsec SA での通信が開始された後も、そのまま残ります。また、
IPsec SA は片方向通信です。このため、双方向で通信するためには、IPsec SA が
2本確立されます。

■ISAKMP SAとIPsec SAの通信路

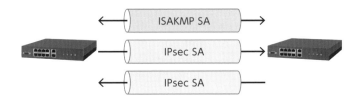

　ISAKMP SA によって、一定時間ごとに共通鍵の再作成が行えます。同じ共通
鍵を使い続けると、解読される危険が増えますが、ISAKMP SA があることで同
じ共通鍵を使い続けなくて済みます。

なお、IPsec SAで使える暗号アルゴリズムと認証アルゴリズムには、「2-05認証と暗号化技術」で説明した以下が使えます。

区分	方式	アルゴリズム
暗号	共通鍵暗号方式	DES、3DES、AES（128 bit、256 bit）
認証	ハッシュ	MD5、SHA-1、SHA-256

メインモードとアグレッシブモード

IPsec（IKEフェーズ1）には、メインモードとアグレッシブモードがあります。
メインモードは、本社も支社もISPから固定でIPアドレス（変わらないグローバルアドレス）を割り当てられているときに使えます。アグレッシブモードは、どちらか一方が固定で、他方が自動でIPアドレス（動的に変わるグローバルアドレス）が設定される場合に使います。

このため、少なくとも片側はISPから固定のIPアドレスを割り当ててもらう必要があります。固定か自動のIPアドレスかはISPとの契約によります。固定のIPアドレスにすると、通常は費用が若干高くなります。

■拠点間をIPsecで接続するときは、固定のIPアドレスが必要

203.0.113.1に対して
IPsecで接続する

インターネット

203.0.113.1

IPsecで接続するときは、上記のとおり宛先をIPアドレスで指定します。このIPアドレスが変わると、IPsecで接続できなくなります。

メインモードであれば両方が固定IPアドレスなので、どちらからでも接続を開始できます。アグレッシブモードの場合は、動的に変わるIPアドレス側からしかIPsecの接続を開始できません。ただし、どちらから接続した場合でもIPsecで接続を確立した後は、拠点間の通信は双方向で行えます。

　なお、メインモードの場合は、接続元の IP アドレスも固定なため、パケットフィルタリングでその IP アドレス以外は接続を受け付けないように設定ができます。つまり、セキュリティ的にはアグレッシブモードより安全です。

　アグレッシブモードの場合は、本社側を固定 IP アドレス、複数ある支社は動的 IP アドレスにして支社側から接続するという設計が可能になります。

　つまり、支社側を動的 IP アドレスにして、価格を安くすることができます。

3-05 VPN まとめ

- VPN は、トンネリングで拠点間を接続する。
- 認証と暗号化をする VPN の 1 つに、IPsec がある。
- IPsec は、IKE フェーズ 1 と 2 によって ISAKMP SA が 1 本、IPsec SA が 2 本確立される。
- IPsec には、メインモードとアグレッシブモードがある。

問1 IP アドレス**172.16.1.100**、サブネットマスク**255.255.255.224**のとき、以下について回答してください。

a) サブネット番号
b) 使える IP アドレスの数

問2 **IPsec で使われているものを、すべて選択してください。**

a) IKE
b) アドミニストレーティブ ディスタンス
c) ISAKMP SA
d) RIP

解答

問1 **サブネット番号は172.16.1.96、使える IP アドレスの数は30個です。**

サブネットマスクの最後の数字が224のため、サブネット番号は32ずつ増えます。IP アドレス172.16.1.100の最後の数字100を越えない最大値は、96になります。このため、サブネット番号は172.16.1.96です。32ずつ増えるため、そこから2を引いて、使える IP アドレスは30個になります。

問2 **a) IKE と c) ISAKMP SA です。**

b) アドミニストレーティブ ディスタンスは、経路の優先順位で使います。
d) RIP は、ルーティングプロトコルの一種です。

4章

ヤマハルーターの設定

4章では、ヤマハルーターでインターネットに接続したり、拠点間を VPN 接続したりする設定について説明します。

4-01　ヤマハルーター

本章では、ヤマハルーターの特長や機種について説明します。

ヤマハルーターの特長

ルーターは、ルーティングすることが最低限の役割ですが、ヤマハルーターは以下の機能も備えています。

- インターネットとの接続 (PPPoE、IPoE、NAT、NAPT)
- VPN
- ファイアウォール機能 (ステートフルインスペクション)
- QoS (Quality of Service)
- 豊富な運用管理機能

QoSは、重要な通信を優先して送信したりする機能です。

上記の機能を持つ機器を1台1台そろえると、価格も高くなってしまってネットワークも複雑になります。ヤマハルーターが1台あれば、さまざまな用途に対応できて、ネットワークもシンプルになります。また、インターネット接続やVPNの設定が、Web GUI (Web Graphical User Interface) から簡単に行えるのも特長です。

ヤマハルーターの機種

ヤマハルーターには、大きく分けて2つのシリーズがあります。RTXシリーズと、NVRシリーズです。

RTX シリーズは、中・大規模向けの機種があります。NVR シリーズは小規模向けで、VoIP (Voice over IP) が使えます。VoIP とは、音声を IP 化して通話することです。

以下は、RTX シリーズの機種と概要です。

■**RTXシリーズの概要**（※2021年6月現在）

項目	RTX830	RTX1220	RTX3500	RTX5000
性能 (ルーティング)	2 Gbps	2 Gbps	4 Gbps	4 Gbps
性能 (IPsec)	1 Gbps	1.5 Gbps	2 Gbps	2.5 Gbps
IPsec 対地数	20	100	1,000	3,000

IPsec 対地数とは、拠点間 VPN 接続で何拠点まで接続できるかということです。

次は、NVR シリーズの機種と概要です。

■**NVRシリーズの概要** （※2021年6月現在）

項目	NVR500	NVR510	NVR700W
性能 (ルーティング)	1 Gbps	2 Gbps	2 Gbps
性能 (IPsec)	-	-	700 Mbps
IPsec 対地数	-	-	20

NVR500 と 510 は、IPsec をサポートしていません。

4-01 ヤマハルーター　まとめ

- ヤマハルーター 1 台で、さまざまなシーンに対応できて、Web GUI から簡単に設定もできる。
- ヤマハルーターには、中・大規模向けの機種がある RTX シリーズと、VoIP に対応した NVR シリーズがある。

4-02 **コマンドラインの操作**

　ヤマハルーターでは、どのシリーズでもコマンドが統一されています。本章では、ヤマハルーターをコマンドラインで操作する方法を説明します。

TELNET での接続

　ヤマハルーターは、デフォルトで TELNET による接続が可能になっています。
　デフォルトの IP アドレスが 192.168.100.1 で、サブネットマスクが 255.255.255.0 になっています。このため、パソコンの IP アドレスを 192.168.100.100、サブネットマスクを 255.255.255.0 などに設定してから接続します。
　接続後は、以下のようにパスワードを聞かれます。初期状態ではパスワードが設定されていないため、そのまま Enter キーを押すと、ログインできます。ログイン後のプロンプトは、以下の最後の行のように「>」と表示されます。

```
Password:                    ←そのまま Enter キー

RTX830 Rev.15.02.17 (Fri Jul 10 09:59:21 2020)
Copyright (c) 1994-2020 Yamaha Corporation. All Rights Reserved.
To display the software copyright statement, use 'show copyright' command.
00:a0:de:e7:91:78, 00:a0:de:e7:91:79
Memory 256Mbytes, 2LAN

The login password is factory default setting. Please request an
administrator to change the password by the 'login password' command.
>                    ←ここでコマンドを実行する
```

ログイン後は、administrator コマンドを実行すると管理ユーザーになって、設定や情報の表示が行えます。プロンプトも「>」から「#」に変わります。管理ユーザーに移行するときは、パスワードを聞かれます。初期状態では、そのまま Enter キーを押します。

　なお、telnetd service off を実行すると、TELNET 接続を停止できます。また、telnetd host 192.168.100.2 とすると、指定した IP アドレスからだけ TELNET 接続が可能になります。telnetd host lan とすれば、LAN 側からだけ接続を受け付けます。

SSH での接続

　SSH で接続するためには、いったん TELNET で接続して管理ユーザーになった後、以下のコマンドを設定する必要があります。

```
# login user user01 pass01          ①
Password Strength : Weak
# sshd host key generate            ②
Generating public/private dsa key pair ...
¦*******
Generating public/private rsa key pair ...
¦*******
# sshd service on                   ③
```

① ユーザー名 user01 を作成して、パスワードを pass01 に設定しています。
② sshd host key generate は、暗号化のための鍵を作成しています。
③ sshd service on は、SSH で接続できるようにサービスを有効にしています。

　以上の設定で、SSH を使ってログインできるようになります。その際、ユーザー名とパスワードを聞かれますが、上記で設定したものを使います。

　また、TELNET と同様に sshd host 192.168.100.2 とすると、指定した IP アドレスからだけ SSH 接続が可能になります。sshd host lan とすれば、LAN 側からだけ接続を受け付けます。

　なお、TELNET と SSH 以外では、コンソールからもログインしてコマンドを実

行できます。コンソールは、RJ-45/DB-9 コンソールケーブル (別売品) でパソコンと接続できます。

パスワードの変更

TELNETで接続したときのパスワード (ログインパスワード) は、login password コマンドで変更できます。

```
# login password        ①
Old_Password:
New_Password:
New_Password:
```

① login password と入力すると、Old_Password で今のパスワードを聞かれます。初期状態の場合は、そのまま Enter キーを押します。

New_Password で新しいパスワードを聞かれるため、入力します。もう1度、New_Password を聞かれるため、同じ値を入力します。

管理パスワード (管理ユーザーへ移行するときのパスワード) は、administrator password コマンドで変更できます。

```
# administrator password
Old_Password:
New_Password:
New_Password:
```

今のパスワードと、新しいパスワードを入力するのは、ログインパスワード設定のときと同じです。

システム動作状況の確認

ヤマハルーターの動作状況は、show environment コマンドで確認できます。

```
# show environment
RTX830 BootROM Ver. 1.00
RTX830 FlashROM Table Ver. 1.00
RTX830 Rev.15.02.17 (Fri Jul 10 09:59:21 2020)
  main:  RTX830 ver=00 serial=M5B002686 MAC-
Address=00:a0:de:e7:91:78 MAC-Addre
ss=00:a0:de:e7:91:79
CPU:     0%(5sec)   0%(1min)   0%(5min)    メモリ: 25% used
パケットバッファ:  0%(small)   0%(middle)  10%(large)   0%(huge) used
ファームウェア: internal
実行中設定ファイル: config0  デフォルト設定ファイル: config0
シリアルボーレート: 9600
起動時刻: 2021/05/23 10:49:50 +09:00
現在の時刻: 2021/05/23 11:05:08 +09:00
起動からの経過時間: 0 日 00:15:18
セキュリティクラス レベル: 1, FORGET: ON, TELNET: OFF
```

CPUやメモリの使用率、起動時刻などが確認できます。

また、今ログインしているユーザーの情報は、show status user コマンド
で確認できます。

```
# show status user
   (*: 自分自身のユーザー情報, +: 管理者モード, @: RADIUS での認証)
   ユーザー名     接続種別    ログイン      アイドル     IP アドレス
---------------------------------------------------------------
*+ user01      ssh1      05/23 11:06  0:00:00   192.168.100.100
```

4-02 コマンドラインの操作　まとめ

- telnetd service off で TELNET 停止、telnetd host で接続元の制
  限ができる。
- sshd service on で SSH 有効化、sshd host で接続元の制限ができる。
- login password でログインパスワードが変更できる。
- administrator password で管理パスワードが変更できる。
- システム動作状況は show environment、ログインしているユーザー情
  報は show status user で確認できる。

4-03 設定情報の操作

　ヤマハルーターに設定した情報を参照したり、再起動しても消えないようにしたりできます。

　本章では、設定情報の操作について説明します。

設定情報について

　コマンドで設定した内容は、すぐ動作に反映されます。この設定は、RAM（Random Access Memory）という再起動すると消えるメモリに保存されます。つまり、RAMに保存された設定にしたがって、ヤマハルーターは動作します。

　保存場所は、もう1つあります。不揮発性メモリです。不揮発性メモリに保存すると、再起動しても設定が消えません。起動時は、不揮発性メモリからRAMに読み込んで、設定内容が反映されます。

設定情報の参照と保存

　RAMに保存された設定情報は、show config コマンドで確認できます

```
# show config
# RTX830 Rev.15.02.17 (Fri Jul 10 09:59:21 2020)
# MAC Address : 00:a0:de:e7:91:78, 00:a0:de:e7:91:79
# Memory 256Mbytes, 2LAN
# main:  RTX830 ver=00 serial=M5B002686 MAC-Address=00:a0:de:e7:91:78 MAC-Addre
ss=00:a0:de:e7:91:79
# Reporting Date: May 23 11:08:02 2021
login password *
administrator password *
login user user01 *
```

```
ip lan1 address 192.168.100.1/24
telnetd host lan
dhcp service server
dhcp server rfc2131 compliant except remain-silent
dhcp scope 1 192.168.100.2-192.168.100.191/24
sshd service on
sshd host key generate *
```

　また、RAMの設定を不揮発性メモリに保存するためには、save コマンドを使います。save コマンドによって、再起動しても設定が消えなくなります。このため、設定後に正常動作を確認したら、忘れずに save コマンドを実行することが重要です。

　なお、cold start コマンドで設定を初期化できます。

　設定は、config0 や config1 など複数ファイルに保存できます。このため、save コマンドはコンフィグ番号を指定することもできます。例えば、save 1 と実行すると config1 に保存されます。

　コンフィグ番号を指定しなかった場合、起動時に利用した設定ファイルに保存されます。デフォルトは、config0 です。

　設定ファイル関連では、以下のコマンドも使えます。

- show config list
   設定ファイルの一覧を表示します。
- set-default-config [コンフィグ番号]
   起動時に利用するコンフィグ番号を指定します。例えば、config1 を利用する場合は、set-default-config 1 になります。

4-03 設定情報の操作　まとめ

- 設定情報は、RAMと不揮発性メモリに保存できる。
- show config コマンドで、設定内容を確認できる。
- save [コンフィグ番号] で、設定を不揮発性メモリに保存できる。
- cold start コマンドで設定が初期化される。
- 設定ファイル関連のコマンドには show config list、set-default-config [コンフィグ番号] がある。

4-04 ログ

ヤマハルーターでは、ログが扱えます。
本章では、ログの表示方法や、ログレベルの変更方法について説明します。

ログの表示

ログは、show log コマンドで表示できます。

```
# show log
2021/05/23 11:16:48: success to extract syslog
2021/05/23 11:16:48: reboot log is not saved
2021/05/23 11:16:52: [LUA] Lua script function was enabled.
2021/05/23 11:16:56: Previous EXEC: RTX830 Rev.15.02.17 (Fri Jul 10
09:59:21 2020)
2021/05/23 11:16:56: Restart by cold start command
2021/05/23 11:16:56: RTX830 Rev.15.02.17 (Fri Jul 10 09:59:21 2020)
starts
2021/05/23 11:16:56: main:  RTX830 ver=00 serial=M5B002686 MAC-
Address=00:a0:de:e7:91:78 MAC-Address=00:a0:de:e7:91:79
2021/05/23 11:16:57: LAN1: PORT1 link up (1000BASE-T Full Đuplex)
2021/05/23 11:16:57: LAN1: link up
2021/05/23 11:20:52: Login succeeded for TELNET: 192.168.100.100
2021/05/23 11:20:56: 'administrator' succeeded for TELNET:
192.168.100.100
```

　PORT1 の ポ ー ト は、11 時 16 分 57 秒 に 1000BASE-T の 全 二 重 (Full Duplex) でアップしていることもわかります。また、11 時 20 分 52 秒に 192.168.100.100 からログインがあった (Login succeeded) こともわかります。

ログレベルの変更

出力するログのレベルは、以下に分けられています。

■出力するログのレベル

レベル	得られる情報	初期状態
info	各種機能の動作情報	on
notice	パケットフィルタリングで破棄された情報	off
debug	デバッグ用の情報	off

各レベルは、syslog に続けて以下のコマンドで有効にできます。

```
# syslog info on
# syslog notice on
# syslog debug on
```

on 部分を off にすると、無効にできます。

4-04 ログ　まとめ

- ログは、show log で表示できる。
- ログレベルには、info、notice、debug があり、コマンドで有効 / 無効にできる。
- notice レベルで、パケットを破棄したときにログが書き込まれる。

<table>
<tr><td>4-05</td><td>基本設定</td></tr>
</table>

本章では、ポートや IP アドレスなどの基本設定について説明します。

ポート名の指定方法

　最初に、ポート名の指定方法について説明します。

　ポートは、lan1 などと指定する場合と、それ以外の番号も合わせて指定することがあります。

　例えば、RTX830 では LAN 側に 4 つのポートがあります。この 4 つのポートは、LAN スイッチとして動作して、1 つの IP アドレスを持ちます。これが、lan1 になります。lan1 の先に L2 スイッチが接続されていて、4 つのポートにツイストペアケーブルを接続して使えるイメージです。4 つのポートを別々に設定する場合は、lan1 とは別にその番号も指定するというわけです。

　ISP と接続するポートは、LAN スイッチのような動きはしないため、lan2 などで指定されます。

■ポートのイメージ

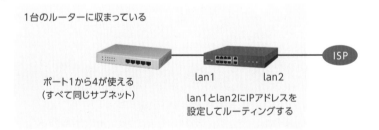

　lan1、lan2 など使えるポートは機種によって異なりますが、本書では lan1 をイントラネット側、lan2 を ISP 接続側として説明します。

ポートの設定

ポートの速度や全二重 / 半二重は、lan type コマンドで設定できます。

```
# lan type lan1 1000-fdx 1
```

　この設定により、lan1 の 1 ポート目が 1000BASE-T の全二重に設定されます。最後の 1 が、LAN スイッチとして機能するポートの番号です。ポート番号 2 であれば、最後の番号は 2 になります。

　ISP 接続側を設定するときは、lan type lan2 1000-fdx などとなります。

　指定できる値は、以下のとおりです。

■ ポートの速度で設定できる値

値	説明
auto	オートネゴシエーション (デフォルト)
1000-fdx	1000BASE-T 全二重
100-fdx	100BASE-TX 全二重
100-hdx	100BASE-TX 半二重
10-fdx	10BASE-T 全二重
10-hdx	10BASE-T 半二重

　また、MTU も lan type コマンドで設定できます。

```
# lan type lan1 mtu=1200
```

　上記で、lan1 が MTU:1200 byte に設定されます。ここで設定した MTU は、IPv4 と IPv6 に適用されます。デフォルトは、1500 byte です。

　設定した内容は、show status lan コマンドで確認できます。

```
# show status lan1
LAN1
説明 :
IP アドレス :              192.168.100.1/24
イーサネットアドレス :     00:a0:de:e7:91:78
動作モード設定 :           Type（Link status）
          PORT1:          Auto Negotiation（1000BASE-T Full Duplex）
          PORT2:          Auto Negotiation（Link Down）
          PORT3:          Auto Negotiation（Link Down）
          PORT4:          Auto Negotiation（Link Down）
最大パケット長（MTU）:     1200 オクテット
プロミスキャスモード :     OFF
送信パケット :             698 パケット（50849 オクテット）
  IPv4（ 全体 / ファストパス ）: 635 パケット / 0 パケット
  IPv6（ 全体 / ファストパス ）: 3 パケット / 0 パケット
受信パケット :             4498 パケット（654780 オクテット）
  IPv4:                   2774 パケット
  IPv6:                   846 パケット
未サポートパケットの受信 : 809
```

　PORT1 から 4 すべてがオートネゴシエーションで、PORT1 は 1000BASE-T の
全二重（Full Duplex）でアップしています。最大パケット長（MTU）は、1200 オ
クテット（byte）になっています。また、IP アドレスや送受信パケット数も確認
できます。

IPv4 アドレスと MTU の設定

　IPv4 アドレスは、ip［インターフェース名］address コマンドで設定できま
す。

```
# ip lan1 address 192.168.200.1/24
```

　上記で、lan1 の IPv4 アドレスが、192.168.200.1/24 に設定されます。
192.168.200.1/255.255.255.0 と、/24 の代わりにサブネットマスクを記載して
も設定できます。また、ip lan1 address dhcp と設定すると、DHCP サーバー
と通信して自動で IP アドレスが設定されます。

また、IPv4のMTUは、ip [インターフェース名] mtu コマンドで設定できます。

```
# ip lan1 mtu 1200
```

上記で、lan1 の IPv4 で MTUが1200 byteに設定されます。これは、lan typeで設定したMTUより優先されます。デフォルトは、lan1であれば1500 byteです。

IPv6アドレスとMTU の設定

IPv6 アドレスは、ipv6 [インターフェース名] address コマンドで設定できます。

```
# ipv6 lan1 address 2001:0db8:1:1:1::1/64
```

上記で、lan1 の IPv6 アドレスが、2001:0db8:1:1:1::1/64 に設定されます。リンクローカルアドレスは、自動で生成されます。

ipv6 lan1 address dhcpと設定すると、DHCPv6でアドレスを取得します。

また、ipv6 lan1 address autoと設定すると、RA によって自動で IPv6 アドレスが設定されます。

設定内容は、show ipv6 address lan コマンドで確認できます。

```
# show ipv6 address lan1
LAN1 scope-id 1 [up]
 Received:    317 packets 34178 octets
 Transmitted: 2 packets 156 octets

 グローバル      2001:db8:1:1:1::1/64
 リンクローカル   fe80::2a0:deff:fee7:9178/64
 リンクローカル   ff02::1/64
 リンクローカル   ff02::2/64
 リンクローカル   ff02::1:ff00:1/64
 リンクローカル   ff02::1:ffe7:9178/64
```

IPv6のMTUは、ipv6[インターフェース名]mtuコマンドで設定できます。

```
# ipv6 lan1 mtu 1300
```

上記で、lan1のIPv6でMTUが1300 byteに設定されます。これは、lan typeで設定したMTUより優先されます。デフォルトは、lan1であれば1500 byteです。

4-05 基本設定　まとめ

- ポートの速度と全二重/半二重は、lan typeで設定できる。
- IPv4アドレスはip[インターフェース名] address、IPv4のMTUはip [インターフェース名] mtuで設定できる。
- IPv6アドレスはipv6[インターフェース名] address、IPv6のMTUは ipv6[インターフェース名] mtuで設定できる。

4-06 静的ルーティングの設定

　本章では、IPv4 と IPv6 の静的ルーティングの設定について説明します。ヤマハでは、スタティックルーティングを静的ルーティング、ダイナミックルーティングを動的ルーティングと呼んでいます。このため、以後は静的ルーティングと動的ルーティングで呼び方を統一します。

IPv4静的ルーティングの設定

　IPv4静的ルーティングは、`ip route` コマンドで設定できます。

```
# ip route 172.16.2.0/24 gateway 192.168.100.2
```

　上記で、172.16.2.0 のサブネットに対するゲートウェイが、192.168.100.2 に設定されます。

　デフォルトルートの場合は、以下のようにします。

```
# ip route default gateway 192.168.100.3
```

　これで、192.168.100.3 がデフォルトルートになります。

ルーティングテーブルの確認は、show ip route コマンドで行えます。

```
# show ip route
宛先ネットワーク          ゲートウェイ        インタフェース        種別      付加情報
default               192.168.100.3      LAN1           static
172.16.2.0/24         192.168.100.2      LAN1           static
192.168.100.0/24      192.168.100.1      LAN1           implicit
```

implicitは、直接接続されたネットワークです。staticは、静的ルーティングで設定したエントリです。defaultは、デフォルトルートになります。

IPv6静的ルーティングの設定

IPv6静的ルーティングは、ipv6 route コマンドで設定できます。

```
# ipv6 route 2001:0db8:1:2::/64 gateway fe80::1%lan1
```

上記で、2001:0db8:1:2::/64 のネットワークのゲートウェイが fe80::1 に設定されます。パーセント (%) に続けて、lan1 などのポート情報も必要です。fe80::1 はリンクローカルアドレスです。ルーティングしないため、プレフィックス部分は各ポートで同じものが使えます。つまり、lan1 などを付与してどのポートの先にあるかを示す必要があります。

■ IPv6での静的ルーティング設定方法

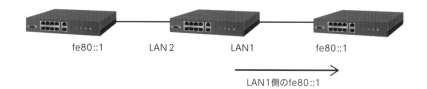

fe80::1　　　　LAN 2　　　　LAN1　　　　fe80::1

LAN1側のfe80::1

デフォルトルートの場合は、以下のようにします。

```
# ipv6 route default gateway fe80::2%lan1
```

これで、fe80::2%lan1 がデフォルトルートになります。
ルーティングテーブルの確認は、show ipv6 route コマンドで行えます。

```
# show ipv6 route
Destination               Gateway        Interface  Type
default                   fe80::2        LAN1       static
2001:db8:1:1::/64         -              LAN1       implicit
2001:db8:1:2::/64         fe80::1        LAN1       static
```

4-06 静的ルーティングの設定　まとめ

- IPv4 の静的ルーティングは、ip route で設定し、show ip route で確認できる。
- IPv6 の静的ルーティングは、ipv6 route で設定し、show ipv6 route で確認できる。
- ゲートウェイを IPv6 アドレスで指定するときは、fe80 から始まるリンクローカルアドレスを使う。

4-07　インターネット接続関連の設定

　本章では、PPPoEやNAPT、パケットフィルタリングなど、インターネット接続関連の設定について説明します。

PPPoEによるISP接続設定

　PPPoEを使って、ISPと接続する設定を説明します。

　ISPと契約したときに指定されるユーザーIDとパスワードは、以下の前提とします。

■ISPから指定されたユーザーIDとパスワード

項目	指定された値
ユーザー ID	user01@example.com
パスワード	pass01

　設定する上で理解しておく点は、PPPoEを利用するためのppインターフェース（以下ではpp1）を設定し、それを利用するポート（以下ではlan2）に関連付けるという点です。

■PPPoE設定時のイメージ

pp 1 で PPPoE 通信が可能になって、それを送受信するポートは lan2 という わけです。

実際の設定は、以下のとおりです。

```
# pp select 1                                    ①
pp1# pp always-on on                             ②
pp1# pppoe use lan2                              ③
pp1# pppoe auto disconnect off                   ④
pp1# pp auth accept pap chap                     ⑤
pp1# pp auth myname user01@example.com pass01    ⑥
pp1# ppp lcp mru on 1454                         ⑦
pp1# ppp ipcp ipaddress on                       ⑧
pp1# ppp ipcp msext on                           ⑨
pp1# ppp ccp type none                           ⑩
pp1# pp enable 1                                 ⑪
pp1# pp select none                              ⑫
# ip route default gateway pp 1                  ⑬
```

各コマンドの説明は、以下のとおりです。

① pp select 1

PPPoE 接続で使用する pp インターフェースを選択します。プロンプトが、# から pp1#に変わります。数字は 1 から始まる整数で指定します。

他でも pp インターフェースを使用する場合は、番号が重複しないように指定 する必要があります。

② pp always-on on

PPPoE 常時接続を有効にします。

③ pppoe use lan2

PPPoE 接続を行う際のポートとして、lan2 を指定しています。

④ pppoe auto disconnect off

自動切断を、無効にします。これで、通信していないときに切断されなくな ります。自動切断は、回線が従量課金などの場合に on にします。

⑤ pp auth accept pap chap

PPPoE 接続時の認証を、PAP と CHAP に設定しています。ISP で認証されると き、利用可能な方を使います。

⑥ pp auth myname user01@example.com pass01
認証に使用する、ユーザー ID とパスワードを設定しています。

⑦ ppp lcp mru on 1454
MRU を設定しています。MTU は、PPPoE 接続時に相手から送信される MRU の値から自動設定されます。手動で設定する場合は、ip pp mtu 1454 などで行えます。

⑧ ppp ipcp ipaddress on
PPPoE 接続時に、相手から送信される IP アドレスを自動設定するようにしています。

⑨ ppp ipcp msext on
これをオンにすると、PPPoE 接続時に、相手から送信される DNS サーバーや WINS サーバー (Windows コンピューター名と IP アドレスの対応を管理) の IP アドレスなどを受け取ります。

⑩ ppp ccp type none
PPPoE 接続で、圧縮を使用しないという指定です。

⑪ pp enable 1
ここまで設定してきた値を適用して、pp 1 インターフェースを有効にします。

⑫ pp select none
pp インターフェースの選択を終わります。

⑬ ip route default gateway pp 1
デフォルトゲートウェイとして、pp 1 インターフェース (つまり、ISP 側) を設定しています。このように、PPPoE 接続の場合は静的ルーティングのゲートウェイを、インターフェースで指定できます。

接続後は、show status pp 1 コマンドで状態を確認できます。

```
# show status pp 1
PP[01]:
説明:
PPPoE セッションは接続されています
接続相手: BAS
通信時間: 28 秒
受信: 22 パケット [1491 オクテット]　負荷: 0.0%
送信: 50 パケット [3073 オクテット]　負荷: 0.0%
累積時間: 28 秒
PPP オプション
    LCP Local: Magic-Number MRU, Remote: CHAP Magic-Number MRU
    IPCP Local: IP-Address Primary-ÐNS(203.0.113.10) Secondary-
ÐNS(203.0.113.11), Remote: IP-Address
    PP IP Address Local: 203.0.113.2, Remote: 203.0.113.1
    CCP: None
```

その他の ISP 接続設定

　契約した ISP が PPPoE での接続ではなく、DHCP を利用した接続だった場合、以下のように設定します。

```
# ip lan2 address dhcp
# ip route default gateway dhcp lan2
```

　IP アドレスやサブネットマスクなど、必要な情報はすべて自動で割り当てられます。

　また、契約した ISP が IP アドレスなどを手動で設定するパターンだった場合は、以下のように設定します。

```
# ip lan2 address 203.0.113.2/24
# ip route default gateway 203.0.113.1
```

　これは、LAN 側に IP アドレスを設定して、静的ルーティングの設定を行うのと同じです。

NATとIPマスカレードの設定

　NATとIPマスカレード(ヤマハではIPマスカレードに言葉を統一)の設定を説明する前に、ヤマハルーターで使われている用語について説明します。

NATディスクリプター	NATやIPマスカレードのアドレス変換を定義するものです。番号で管理されて、その番号をポートやppインターフェースに適用することで有効になります。
内側アドレス	多くの場合、イントラネット側のIPアドレスです。動的NAT、動的IPマスカレードで使います。初期値は、すべてのIPアドレスになっています。
外側アドレス	多くの場合、インターネット側のIPアドレスです。動的NAT、静的IPマスカレード、動的IPマスカレードで使います。初期値は、ppインターフェースのIPアドレスです。
静的NAT	指定したIPアドレスを、1対1で変換します。例えば、内側から開始した通信で、送信元が192.168.100.2であれば、203.0.113.2に変換する定義ができます。その定義では、外側から開始した通信で宛先が203.0.113.2であれば、192.168.100.2に変換します。
動的NAT	内側アドレスと外側アドレスを多対多で変換します。例えば、内側から開始した通信で、送信元が192.168.100.2~10の範囲であれば、203.0.113.2~10の範囲に変換する定義ができます。
静的IPマスカレード	指定したIPアドレスを、外側アドレスとして設定しているアドレスに変換する際、ポート番号の変換を1対1に指定します。例えば、内側から開始した通信で、送信元が192.168.100.2であれば外側アドレスに変換し、送信元ポート番号も8080から80に変換する定義ができます。その定義では、外側から開始した通信で、宛先が外側アドレスでポート番号80だった場合、192.168.100.2でポート番号も8080に変換します。
動的IPマスカレード	内側アドレスと外側アドレスを、ポート番号含めて多対多で変換します。例えば、内側から開始した通信で、送信元が192.168.100.2~10の範囲であれば203.0.113.1へ、ポート番号を動的に割り当てて変換します。

静的NATと静的IPマスカレードでは、内部から外側に向けて通信を開始する場合と、外側から内側に向けて通信を開始する場合の両方で使えます。つまり、イントラネットにあるサーバーに、インターネットから通信を可能にさせます。

■静的NATと静的IPマスカレードの動き

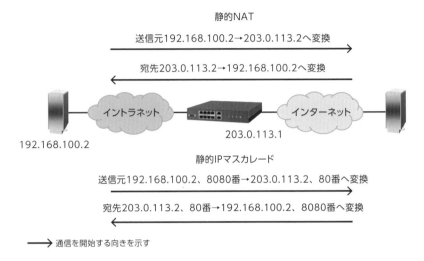

静的NAT
送信元192.168.100.2→203.0.113.2へ変換
宛先203.0.113.2→192.168.100.2へ変換

イントラネット　　　インターネット

192.168.100.2

203.0.113.1

静的IPマスカレード
送信元192.168.100.2、8080番→203.0.113.2、80番へ変換
宛先203.0.113.2、80番→192.168.100.2、8080番へ変換

→ 通信を開始する向きを示す

　動的NATと動的IPマスカレードでは、一般的に内側から外側に向けて通信を開始するときに使います。その際、NATテーブルに登録されるため、応答パケットも変換されます。

■動的NATと動的IPマスカレードの動き

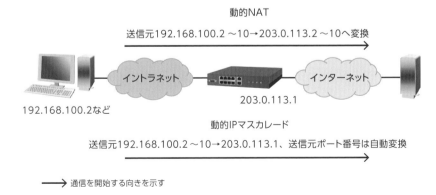

動的NAT
送信元192.168.100.2〜10→203.0.113.2〜10へ変換

イントラネット　　　インターネット

192.168.100.2など

203.0.113.1

動的IPマスカレード
送信元192.168.100.2〜10→203.0.113.1、送信元ポート番号は自動変換

→ 通信を開始する向きを示す

通常、イントラネットにあるパソコンが、インターネットを利用できるように
するためには、動的IPマスカレードを使います。

次からは、それぞれの設定について説明します。

●NATディスクリプターの動作タイプ

NATディスクリプターには、動作タイプがあります。動作タイプは、nat
descriptor type コマンドで設定します。

```
# nat descriptor type 100 nat
```

100は、NATディスクリプターを管理する番号です。

動作タイプは、以下の4種類あって、それぞれ何をできるか決まっています。

■動作タイプ

動作タイプ	静的NAT	動的NAT	静的IPマスカレード	動的IPマスカレード
none	×	×	×	×
nat	○	○	×	×
masquerade	○	×	○	○
nat-masquerade	○	○	○	○

● 静的NATの定義

静的NATは、nat descriptor static コマンドで設定します。

```
# nat descriptor static 1000 1 203.0.113.2=192.168.100.2
```

1000は、nat descriptor typeで指定した番号です。その次の1は、NAT
ディスクリプター内のエントリ番号です。複数定義する場合は、2など番号を変
えます。

上記の設定では、192.168.100.2と203.0.113.2が1対1で変換されます。

● 動的 NAT の定義

動的 NAT は、nat descriptor address inner コマンドで内側アドレス、nat descriptor address outer で外側アドレスを設定します。

```
# nat descriptor address inner 1001 192.168.100.2-192.168.100.10
# nat descriptor address outer 1001 203.0.113.2-203.0.113.10
```

1001 は、nat descriptor type で指定した番号です。

変換対象は、192.168.100.2~10 の機器で、203.0.113.2~10 の範囲に変換されます。

● 静的 IP マスカレードの定義

静的 IP マスカレードは、nat descriptor masquerade static コマンドで設定します。以下は、nat descriptor address outer で外側アドレスも設定している例です。

```
# nat descriptor address outer 1002 203.0.113.2
# nat descriptor masquerade static 1002 1 192.168.100.2 tcp 80=8080
```

1002 は、nat descriptor type で指定した番号です。

変換対象は、送信元が 192.168.100.2 の TCP ポート番号が 8080 の通信で、203.0.113.2 のポート番号 80 に変換されます。外側から通信を開始した場合は、宛先で逆の変換が行われます。また、tcp 80=8080 ではなく、tcp 80 とすればポート番号の変換はされません。

● 動的 IP マスカレードの定義

PPPoE を利用する場合、動的 IP マスカレードは特に定義は不要です。デフォルトで、すべてのアドレスが内側アドレス、pp インターフェースのアドレスが外側アドレスに設定されているためです。もし変更が必要な場合、

nat descriptor address inner と nat descriptor address outer で設定できます。

● インターフェースへの適用

　NAT ディスクリプターをインターフェースに適用するためには、ip［インター
フェース名］nat descriptor コマンドを使います。

```
# pp select 1
pp1# ip pp nat descriptor 1000
```

　上記は、NAT ディスクリプターの1000番を pp1 インターフェースに適用し
ています。もし、PPPoE でない場合は、ip lan2 nat descriptor 1000 など
で適用します。

　少し複雑なため、定義手順を以下にまとめます。

1. NAT ディスクリプターの番号と動作タイプを設定する (必須)
2. 内側アドレスと外側アドレスを設定する (デフォルトから変える場合)
3. 静的 NAT と、静的 IP マスカレードの設定をする (必要に応じて)
4. NAT ディスクリプターをインターフェースに適用する (必須)

　例えば、イントラネットのパソコンが、PPPoE で接続されたインターネットと
通信するための最低限の設定は、以下になります。

```
# nat descriptor type 1000 masquerade
# pp select 1
pp1# ip pp nat descriptor 1000
```

　上記は、説明した手順の1と4だけ設定しています。外側アドレス (変換後の
アドレス) は、デフォルトの pp1 インターフェースの IP アドレスが使われます。
必要であれば、これに他の定義も追加します。
　NAT テーブルや、インターフェースに適用されている NAT ディスクリプターは、
以下で確認できます。

● show nat descriptor address all

　すべての NAT テーブルを簡易表示します。all を NAT ディスクリプターの番
号にすると、指定した NAT ディスクリプターに該当するものだけ表示されます。

```
# show nat descriptor address all
NAT/IP マスカレード 動作タイプ: 2
参照 NAT ディスクリプタ: 1000, 適用インタフェース: PP[01](1)
Masquerade テーブル
    外側アドレス: ipcp/203.0.113.2
    ポート範囲: 60000-64095, 49152-59999, 44096-49151    255 セッション
  -*-    -*-    -*-    -*-    -*-    -*-    -*-    -*-    -*-    -*-    -*-
    No.          内側アドレス        セッション数      ホスト毎制限数        種別
     1     192.168.100.100          162           65534        dynamic
     2       192.168.100.2           93           65534        dynamic
---------------------
有効な NAT ディスクリプタテーブルが 1 個ありました
```

　192.168.100.100 と 192.168.100.2 が、動的 IP マスカレード (dynamic) で
変換されていることがわかります。また、その変換後の IP アドレス (外側アドレ
ス) が、203.0.113.2 であることもわかります。コマンドの最後に detail を付け
ると、ポート番号まで含めた NAT テーブルが表示されます。

● show nat descriptor interface bind pp
　pp インターフェースに適用されている NAT ディスクリプターのリストを表示
します。pp を lan2 などのポートで指定することもできます。

```
# show nat descriptor interface bind pp
NAT/IP マスカレード       動作タイプ:    2
NAT ディスクリプタ番号     OuterType Type
-------------------- --------- ----
            1000     ipcp      IP Masquerade
PP[01](1)
Binding:1 PP:1 LAN:0 WAN:0 TUNNEL:0
-------------------- --------- ----
Defined NAT Descriptor:1
```

　NAT ディスクリプター番号 1000 が適用されていることがわかります。

4章

ヤマハルーターの設定

DNS フォワーダーの設定

DNS フォワーダーとして動作させるためには、`dns host` コマンドと、`dns server` コマンドを使います。

```
# dns host lan1                              ①
# dns server 203.0.113.2 203.0.113.3         ②
```

① イントラネット側からだけ問い合わせを受け付ける設定です。インターネットから不特定多数の問い合わせを受け付ける状態をオープンリゾルバーと呼び、他者を攻撃する踏み台にされることがあります。①の設定は、これを防ぎます。
② ISPの DNS サーバーの IP アドレスを指定します。上記では、スペースに続けて2つ設定しています。

PPPoEによって、自動で DNS サーバーの IP アドレスを受信する場合は、`dns server pp 1` などで設定します。DHCPの場合は、`dns server dhcp lan2` などになります。

なお、`dns service off` を実行すると、DNS フォワーダーの機能を停止できます。デフォルトは、`dns service recursive` です。

静的ホストの設定

静的ホストを設定して DNSの問い合わせに回答するためには、`ip host` コマンドを使います。

```
# ip host www.example.com 192.168.100.2
```

上記で、www.example.comの問い合わせがあれば、192.168.100.2 を回答します。つまり、静的ホストの設定で、簡易的な DNS サーバーとして機能します。IPv4 アドレスを回答するこの登録は、A レコードと呼ばれます。IPv6 アドレスであれば、AAAA レコードと呼ばれます。

DHCP の設定

DHCP サーバーとして設定するためには、dhcp service コマンドと、dhcp scope コマンドを使います。

```
# dhcp service server                                        ①
# dhcp server rfc2131 compliant except remain-silent         ②
# dhcp scope 1 192.168.200.2-192.168.200.191/24              ③
```

① DHCP サーバー機能を有効にしています。

② 工場出荷時に設定されています。

③ 192.168.200.2 から 191 までの IP アドレスを払い出す設定です。もし、192.168.200.192 から 200 までを追加したい場合、

dhcp scope 1 192.168.200.2-192.168.200.200/24

と設定して、上書きします。

デフォルトゲートウェイの IP アドレスは、ルーターの IP アドレスを通知します。

割り当て中の IP アドレス情報などは、show status dhcp コマンドで確認できます。

```
# show status dhcp
DHCP スコープ番号：1
   ネットワークアドレス：192.168.200.0
              割り当て中アドレス：192.168.200.2
       （タイプ）クライアント ID：（01）11ff 11 ff 11 ff
                    ホスト名：HomePC
                 リース残時間：2 日 23 時間 59 分 21 秒
   スコープの全アドレス数：190
        除外アドレス数：0
      割り当て中アドレス数：1
       利用可能アドレス数：189
```

割り当て中アドレスが 192.168.200.2、利用可能アドレス数が 189 個残っているなどがわかります。

4 章
ヤマハルーターの設定

パケットフィルタリングの設定

ヤマハルーターでは、パケットフィルタリングの定義が2種類あります。

1つは、静的フィルターです。静的フィルターで通信を許可すると、指定した方向からの通信だけ許可されます。このため、応答パケットも許可が必要です。

もう1つは、動的フィルターです。動的フィルターで通信を許可すると、ステートフルインスペクションによって応答パケットも許可されます。

静的フィルターと動的フィルターのコマンド形式は、以下のとおりです。

● 静的フィルター

ip filter［フィルター番号］［許可・破棄］［送信元IP］［送信先IP］［プロトコル］［送信元ポート番号］［送信先ポート番号］

● 動的フィルター

ip filter dynamic［フィルター番号］［送信元IP］［送信先IP］［プロトコル］

以下は、静的フィルターの例です。

```
# ip filter 200000 pass *
# ip filter 200010 pass 203.0.113.4
```

200000と200010は、フィルター番号です。passは、通信を許可します。rejectにすると、破棄されます。rejectで破棄されたとき、syslog notice onであればログに記録されます。

200000は*なので、すべての通信を許可します。200010は、送信元が203.0.113.4の通信を許可します。

書式は、送信元IPアドレスの指定が必須で、それ以外はオプションで宛先IPアドレスやプロトコル(tcpなど)の順に指定できます。*を指定すると、すべてという意味になります。203.0.113.0/24など、プレフィックスで範囲を指定することもできます。

以下は、動的フィルターの例です。

```
# ip filter dynamic 200100 * * ftp
```

上記で、すべての IP アドレス間での FTP が許可されます。
定義は、以下のコマンド形式でインターフェースなどに適用します。

● 静的フィルター
ip [インターフェース名] secure filter [適用方向] [フィルター番号]

● 動的フィルター
ip [インターフェース名] secure filter [適用方向] [フィルター番号]
dynamic [フィルター番号]

フィルター番号は、半角スペースに続けて複数記述できます。以下は、設定例
です。

```
# pp select 1
pp1# ip pp secure filter in 200010
pp1# ip pp secure filter out 200000 dynamic 200100
```

---

in はインターネットからの通信、out はイントラネットからの通信に適用さ
れます。
200000 は out に適用されているため、イントラネットからインターネッ
トへの通信をすべて許可します。その応答は、in に適用された 200010 で
203.0.113.4 からの通信だけ許可されます。それ以外は、暗黙の遮断で破棄され
ます。つまり、203.0.113.4 との間だけ通信が成立します。

■静的フィルターの動作

200000番：すべてを許可

イントラネット　　　　　　　　　　　インターネット

192.168.100.2　　　　　　　　　　　　　　　　　　　203.0.113.4

200010番：203.0.113.4が送信元を許可

　ここで留意する点は、200000も200010も常に許可された状態のため、203.0.113.4から開始した通信も許可されるということです。

　200100はoutだけ適用されているため、イントラネットから開始したFTPだけが許可されます。ステートフルインスペクションにより、応答パケットは許可されますが、インターネット側から接続を開始するFTPは透過しません。

■動的フィルターの動作

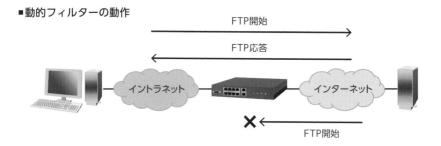

FTP開始

FTP応答

イントラネット　　　　　　　　　　　インターネット

✕

FTP開始

FTPは途中でポート番号が変わりますが、それでも問題なく許可されます。

IPv6関連の設定

　IPv6関連で、理解しておくべきコマンドを4つ、ご紹介します。

● ngn type lan2 ntt
　IPv6で接続するNTT東西の通信網は、NGN (Next Generation Network) と言います。このNGNに接続するときに、上記を設定します。つまり、IPoEの時に定義します。

● ipv6 prefix 1 2001:0db8:1:1::/64

RA 広報のプレフィックスを設定します。上記では、2001:0db8:1:1::/64 を基に、パソコンでは IPv6 アドレスが設定されます。1 は、定義した番号です。

なお、インターネット側から受信したプレフィックスを LAN 側で使うこともできます。これを、RA プロキシと言います。この場合は、ipv6 prefix 1 ra-prefix@lan2::/64 と設定します。

● ipv6 lan1 rtadv send 1

指定したポート (この例では lan1) に対して、RAを有効にします。最後の1 は、ipv6 prefix で定義した番号を指定します。つまり、ipv6 prefix で定義したプレフィックス情報 (ゲートウェイアドレス含む) を lan1 から送信します。

また、以下のオプションが使えます。

m_flag=on　パソコンで、DHCPv6 を使った IPv6 アドレスの設定を許可します。

o_flag=on　パソコンで、DHCPv6 を使った DNS サーバーなどの情報取得を許可します。

● ipv6 lan2 dhcp service client

lan2 で、DHCP サーバーから IPv6 アドレスなどを取得します。オプションで ir=on を設定すると、DNS サーバーなどの情報だけ要求します。IPv6 アドレスやゲートウェイアドレスは、RAで取得します。client を server にすると、そのポートに対して DHCP サーバーとして動作します。

上記を踏まえて、IPv6 で RA プロキシを使ってインターネットと接続するときの設定例を示します。

```
# ngn type lan2 ntt                              ①
# ipv6 prefix 1 ra-prefix@lan2::/64              ②
# ipv6 lan1 address ra-prefix@lan2::1/64         ③
# ipv6 lan1 rtadv send 1 o_flag=on               ④
# ipv6 lan1 dhcp service server                  ⑤
# ipv6 lan2 dhcp service client ir=on            ⑥
# dns host lan1                                   ⑦
# dns server dhcp lan2                            ⑧
```

各コマンドの説明は、以下のとおりです。

① `ngn type lan2 ntt`
lan2 が NGN に接続することを示します。

② `ipv6 prefix 1 ra-prefix@lan2::/64`
インターネット (lan2) から受信する RA を、プレフィックスとして使う設定
です。

③ `ipv6 lan1 address ra-prefix@lan2::1/64`
lan2 で受信したプレフィックスを基に、最後に 1 (::1 部分) を付けて
lan1 の IPv6 アドレスを生成します。例えば、受信したプレフィックスが
2001:0db8:1:1::/64 だった場合、IPv6 アドレスは 2001:0db8:1:1::1 になり
ます。

④ `ipv6 lan1 rtadv send 1 o_flag=on`
lan2 で受信したプレフィックスを、lan1 側に RA で広報します。lan1 に接続
された機器は、そのプレフィックスを基に IPv6 アドレスを設定します。また、
o_flag=on のため、DNS サーバーの IP アドレスなどの情報は、DHCPv6 で
取得します。

⑤ `ipv6 lan1 dhcp service server`
lan1 側で、DHCP サーバーとして動作します。

⑥ `ipv6 lan2 dhcp service client ir=on`
DNS サーバーの IP アドレス情報などを、lan2 側から DHCPv6 で取得します。

⑦ `dns host lan1`
オープンリゾルバーにならないように、lan1 側からの DNS 問い合わせだけに
応答します。

⑧ `dns server dhcp lan2`
DNS サーバーの IP アドレスが、⑥で取得したものに設定されます。

これらの設定によって、ヤマハルーターはインターネット側から受信したプレ
フィックスを LAN 側に RA 広報して、パソコンはそのプレフィックスを基に自
動で IPv6 アドレスが設定されます。

■RAプロキシのしくみ

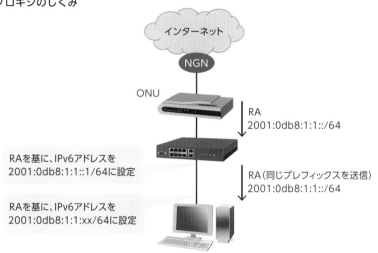

xx部分は、パソコンのMACアドレスから自動生成する

　パソコンには、インターネットで使える IPv6 アドレスが設定されるため、NATなどのアドレス変換は必要ありません。また、DNS サーバーの IP アドレスなどは、DHCPv6 で取得します。

4-07 インターネット接続関連の設定　まとめ

- PPPoE 接続では、pp インターフェースの設定を行う。
- インターネット側から DHCP で IP アドレスを取得する場合、`ip lan2 address dhcp` コマンドを使う。
- NAT と IP マスカレードは、静的と動的がある。
- オープンリゾルバーにならないために、`dns host lan1` を設定する。
- パケットフィルタリングは、静的フィルターと動的フィルターがある。外側への通信に適用するか、内側への通信に適用するかで動作が変わる。
- `ipv6 prefix` コマンドでプレフィックスを設定し、`ipv6 lan1 rtadv send` コマンドで lan1 に適用する。
- RA プロキシを使うときは、`ipv6 prefix 1 ra-prefix@lan2::/64` でプレフィックスを設定する。

4-08 IPsec/VPNの設定

本章では、拠点間を接続するための IPsec 設定について説明します。

メインモードの設定

最初は、メインモードの設定例です。前提とするネットワークは、以下のとおりです。

■メインモードで前提とするネットワーク構成

また、認証や暗号化で使う設定の情報は、以下のとおりとします。

■メインモードの認証と暗号化で使う設定の情報

項目	設定値
事前共有鍵	pass01
暗号アルゴリズム	aes-cbc
認証アルゴリズム	sha-hmac

ルーターAの設定は、次のとおりです。ルーターBの設定は、IPアドレスを変えるだけで同じです。なお、すでにインターネットに接続する設定は終わっているものとします。

```
# tunnel select 1                                              ①
tunnel1# ipsec tunnel 101                                      ②
tunnel1# ipsec sa policy 101 1 esp aes-cbc sha-hmac            ③
tunnel1# ipsec ike keepalive log 1 off                         ④
tunnel1# ipsec ike keepalive use 1 on heartbeat 10 6           ⑤
tunnel1# ipsec ike local address 1 192.168.100.1              ⑥
tunnel1# ipsec ike pre-shared-key 1 text pass01               ⑦
tunnel1# ipsec ike remote address 1 203.0.113.3              ⑧
tunnel1# ip tunnel tcp mss limit auto                          ⑨
tunnel1# tunnel enable 1                                       ⑩
tunnel1# tunnel select none                                    ⑪
# ipsec auto refresh on                                        ⑫
# ip route 192.168.101.0/24 gateway tunnel 1                   ⑬
```

各コマンドの説明は、以下のとおりです。

① tunnel select 1

使用するtunnelインターフェースの番号を選択します。これで、コマンドプロンプトが変わります。

② ipsec tunnel 101

選択したtunnelインターフェースで使用する、IPsec設定の番号を決めます。

③ ipsec sa policy 101 1 esp aes-cbc sha-hmac

tunnelインターフェースの番号とIPsecの番号に対して、IPsec SAで使用するIPsecプロトコル、暗号アルゴリズム、認証アルゴリズムの種類を指定します。IPsecプロトコルにはesp（暗号化＋認証）とah（認証のみ）を指定できますが、インターネットVPNでは暗号化が必須なので、espを指定します。暗号アルゴリズムはdes-cbc（DES）、3des-cbc（3DES）、aes-cbc（AESの128 bit）、aes256-cbc（AESの256 bit）のいずれか、認証アルゴリズムはmd5-hmac（MD5）とsha-hmac（SHA-1）、sha256-hmac（SHA-256）のいずれかを指定します。

④ ipsec ike keepalive log 1 off

IPsec接続を維持できているかどうかの監視を、ログに記録しないようにする設定です。

⑤ ipsec ike keepalive use 1 on heartbeat 10 6

IPsec接続を監視する設定です。1がtunnelインターフェースの番号、10は監視間隔（秒）、6が試行回数です。ここでは、10秒間隔で監視し、6回失敗

すると接続が維持できないと判断します。

※ heartbeatはヤマハルーター独自の監視プロトコルです。

⑥ `ipsec ike local address 1 192.168.100.1`

ルーターのイントラネット側 IP アドレスを指定しています。

⑦ `ipsec ike pre-shared-key 1 text pass01`

事前共有鍵として、pass01 を設定しています。

⑧ `ipsec ike remote address 1 203.0.113.3`

接続先の IP アドレスを設定しています。

⑨ `ip tunnel tcp mss limit auto`

tunnel インターフェースを通過する TCPに対して、MSS（Maximum Segment Size）を制限するものです。不必要にフラグメント化されない目的で設定します。auto を指定しているため、適切な値を自動設定します。

⑩ `tunnel enable 1`

ここまで設定してきた値を適用して、tunnel 1 インターフェースを有効にします。

⑪ `tunnel select none`

tunnel インターフェースの選択を終わります。

⑫ `ipsec auto refresh on`

IPsec SAで使う共通鍵を定期的に変更します。

⑬ `ip route 192.168.101.0/24 gateway tunnel 1`

静的ルーティングで、192.168.101.0/24 のゲートウェイは tunnel 1 インターフェースと設定しています。

対向機器がヤマハルーターでない場合などで、設定を合わせるためには以下の設定もできます。

● `ipsec ike group 1 modp768`

共通鍵を作るときに、Diffie-Hellmanというアルゴリズムが使われます。上では、そのときに使われるグループとして modp768 を設定していますが、modp1024、modp1536、modp2048 も設定できます。デフォルトは、modp1024 です。

- ● ipsec ike hash 1 sha256

  IKEの認証で使うハッシュ関数を指定します。上記は、SHA-256を指定していますが、md5(MD5)、sha(SHA-1)も設定できます。デフォルトは、shaです。

- ● ipsec ike encryption 1 aes256-cbc

  IKEが使う暗号アルゴリズムを指定します。上記は、AESの256bitを指定していますが、des-cbc(DES)、3des-cbc(3DES)、aes-cbc(AESの128bit)も設定できます。デフォルトは、3des-cbcです。

- ● ipsec ike always-on 1 on

  IKEで鍵交換に失敗したときに、鍵交換を休止せずに継続できるようにします。

アグレッシブモードの設定

次は、アグレッシブモードの設定例です。前提とするネットワークは、以下のとおりです。

■アグレッシブモードで前提とするネットワーク構成

また、認証や暗号化で使う設定の情報は、以下のとおりとします。

■アグレッシブモードの認証と暗号化で使う設定の情報

項目	設定値
事前共有鍵	pass01
暗号アルゴリズム	aes-cbc
認証アルゴリズム	sha-hmac

ルーター Aの設定は、以下のとおりです。なお、すでにインターネットに接続する設定は終わっているものとします。

```
# tunnel select 1
tunnel1# ipsec tunnel 101
tunnel1# ipsec sa policy 101 1 esp aes-cbc sha-hmac
tunnel1# ipsec ike keepalive log 1 off
tunnel1# ipsec ike keepalive use 1 on heartbeat 10 6
tunnel1# ipsec ike local address 1 192.168.100.1
tunnel1# ipsec ike pre-shared-key 1 text pass01
tunnel1# ipsec ike remote address 1 any              ①
tunnel1# ipsec ike remote name 1 site1 key-id        ②
tunnel1# ip tunnel tcp mss limit auto
tunnel1# tunnel enable 1
tunnel1# tunnel select none
# ipsec auto refresh on
# ip route 192.168.101.0/24 gateway tunnel 1
```

以下に、メインモードと異なるコマンドだけ説明します。

①ipsec ike remote address 1 any
　接続先の IP アドレスは動的なため、any ですべての IP アドレスとしています。

②ipsec ike remote name 1 site1 key-id
　接続先の IP アドレスをすべて (any) にした代わりに、ここで名前を指定しています。

　ルーター Bの設定は、次のとおりです。

```
# tunnel select 1
tunnel1# ipsec tunnel 101
tunnel1# ipsec sa policy 101 1 esp aes-cbc sha-hmac
tunnel1# ipsec ike keepalive log 1 off
tunnel1# ipsec ike keepalive use 1 on heartbeat 10 6
tunnel1# ipsec ike local address 1 192.168.101.1
tunnel1# ipsec ike pre-shared-key 1 text pass01
tunnel1# ipsec ike remote address 1 203.0.113.2      ①
tunnel1# ipsec ike local name 1 site1 key-id         ②
tunnel1# ip tunnel tcp mss limit auto
tunnel1# tunnel enable 1
tunnel1# tunnel select none
# ipsec auto refresh on
# ip route 192.168.100.0/24 gateway tunnel 1
```

以下に、①と②について説明します。

① `ipsec ike remote address 1 203.0.113.2`

IPsecを接続する側なので、接続先を指定しています。

② `ipsec ike local name 1 site1 key-id`

自身の名前を `site1` と指定しています。ここで指定した名前と、ルーター A
で `ipsec ike remote name` によって設定する名前が一致している必要があ
ります。

IPマスカレードとパケットフィルタリングの追加

IPsecの設定をした後は、IP マスカレードとパケットフィルタリングの設定を
追加する必要があります。

以下は、メインモードの設定をしたときに、ルーター Aに設定する内容の例です。

```
# nat descriptor masquerade static 1000 1 192.168.100.1 udp 500
# nat descriptor masquerade static 1000 2 192.168.100.1 esp
# ip filter 200200 pass 203.0.113.3 192.168.100.1 udp * 500
# ip filter 200201 pass 203.0.113.3 192.168.100.1 esp * *
```

UDPの500番は、IKEが使うポート番号です。espは、IPsec SAが使います。

その2つを静的IPマスカレードで変換するようにしています。また、その通信を許可するパケットフィルタリングも設定しています。

前ページの静的IPマスカレードの定義とフィルターの定義をそれぞれのインターフェース設定で適用も合わせて行います。

IPsec 状態の確認

IPsecの状態は、show ipsec sa コマンドで確認できます。

```
# show ipsec sa
Total: isakmp:1 send:1 recv:1

sa   sgw isakmp connection    dir  life[s] remote-id
-------------------------------------------------------------------
1    1   -      isakmp        -    28793   203.0.113.2
2    1   1      tun[0001]esp  send 28795   203.0.113.2
3    1   1      tun[0001]esp  recv 28795   203.0.113.2
```

1つのISAKMP SAと、2つのIPsec SAが確立しています。もし、すべてを削除して接続し直したい場合、ipsec refresh sa コマンドを使います。

```
# ipsec refresh sa
```

すべてのSAが削除されて、再接続されます。

トンネル状態の確認

トンネルの状態は、show status tunnel コマンドで確認できます。

```
# tunnel select 1
tunnel1# show status tunnel
TUNNEL[1]:
説明:
  インタフェースの種類: IPsec
  トンネルインタフェースは接続されています
  開始: 2021/05/23 15:41:50
  通信時間: 4分23秒
  受信: (IPv4) 4 パケット [240 オクテット]
        (IPv6) 0 パケット [0 オクテット]
  送信: (IPv4) 4 パケット [240 オクテット]
        (IPv6) 0 パケット [0 オクテット]
```

　最初に、トンネルが接続されているかどうかが表示されます。その後に、送受信したIPv4とIPv6のパケット数やbyte数合計(オクテット)が表示されています。

4
章

ヤマハルーターの設定

4-08 IPsec/VPNの設定　まとめ

- IPsecは、tunnel インターフェースに設定をする。
- メインモードでは、接続元と接続先のIPアドレスを指定する。
- アグレッシブモードでは、固定IPアドレス側は any で接続を受け付ける。
  動的IPアドレス側は、接続先IPアドレスを設定する。

| 4-09 | # Web GUIの操作 |

ヤマハルーターは、Web GUIで設定ができます。
本章では、Web GUIの操作について説明します。

Web GUI へのログイン

　Web GUIへは、Web ブラウザーを起動して、アドレス欄でヤマハルーターのIP アドレスを指定すればログインできます。初期状態で、IP アドレスは192.168.100.1 です。

　ログイン時に認証が必要ですが、ユーザー名は空白のままで、パスワードだけ入力します。初期状態では、パスワードも空欄のままでログインできます。

パスワードの変更

　パスワードは、「かんたん設定」→「基本設定」→「管理パスワード」で変更できます。

■RTX830の「管理パスワードの設定」画面

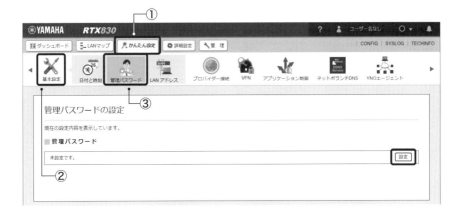

上記で「設定」ボタンをクリックすると、以下の画面が表示されます。

■RTX830の「パスワードの設定」画面

「新しいパスワード」で新規パスワードを入力し、「新しいパスワード（確認）」で同じパスワードを入力します。「次へ」ボタンをクリックすると、次の画面が表示されます。

■RTX830の「入力内容の確認」画面

　そのまま「設定の確定」ボタンをクリックすると、パスワードが変更されます。設定後はすぐにパスワード入力を求められます。入力を求められない場合は、画面右上の「ログアウト」ボタンをクリックして、いったんログアウトする必要があります。

　再度接続した際は、「ユーザー名」は空欄のままにして、設定したパスワードを「パスワード」に入力後、「OK」ボタンをクリックするとログインできます。

　なお、Web GUIでの設定は不揮発性メモリにも保存されるため、再起動しても設定は消えません。

ダッシュボード画面

ダッシュボード画面では、ルーターの状態監視ができます。

■ RTX830の「ダッシュボード」画面

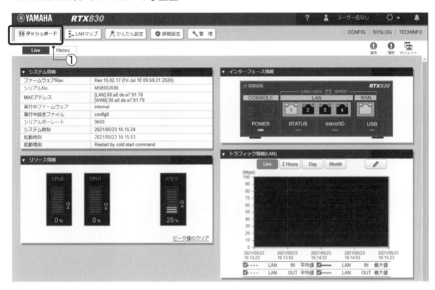

上記では、CPUやメモリはほとんど使われておらず、LANのポート1番もインターネットと接続しているWANも問題がないことがわかります。

4-09 Web GUIの操作　まとめ

● ヤマハルーターは、Web GUIで設定できる。

● ダッシュボード画面で、グラフィカルにルーターの状態が確認できる。

4-10　Web GUIでの設定

　Web GUIを使えば、インターネットとの接続設定も、IPsecの設定も簡単に行えます。

　本章では、Web GUIでの設定について説明します。

ISP接続設定

　Web GUIから、ISPと接続する設定について説明します。ISPとはPPPoEで接続する前提とし、設定情報は以下を使う前提とします。

■ISP接続で使う設定の情報（Web GUI設定）

項目	設定値
ユーザーID	user01@example.com
パスワード	pass01

　ISPの接続設定は、「かんたん設定」→「プロバイダー接続」で行います。

■RTX830の「プロバイダー接続」画面（接続前）

上記で「新規」ボタンをクリックすると、次の画面が表示されます。

■RTX830の「インターフェースの選択」画面

通常は、「WAN」を選択して、「次へ」ボタンをクリックします。このとき、ISPが設置した機器（ONUなど）とケーブルで接続していた場合、回線の自動判別が行われます。

■RTX830の「回線自動判別」画面

　先の画面では、「PPPoE接続が利用可能です。」と表示されています。そのまま「次へ」ボタンをクリックすると、次の画面が表示されます。

■RTX830の「接続種別の選択」画面

　「PPPoE接続」が選択されているのを確認し、そのまま「次へ」ボタンをクリックすると、以下の画面が表示されます。

■RTX830の「プロバイダー情報の設定」画面（PPPoEの場合）

　設定名は好きな名前を記述しますが、省略もできます。少なくとも、「ユーザーID」（user01@example.com）と「接続パスワード」（pass01）の入力が必要です。

「次へ」ボタンをクリックすると、以下の画面が表示されます。

■RTX830の「DNSサーバーの設定」画面

通常は、設定の変更は必要ありません。もし、ISPから指定があった場合、「プロバイダーとの契約書にDNSサーバーアドレスの指定がある」を選択し、指定されたアドレスを入力します。

「次へ」ボタンをクリックすると、次の画面が表示されます。

■RTX830の「IPフィルターの設定」画面

　「推奨の IP フィルターを設定する」が選択されています。これは、イントラネッ
トからインターネットへの通信はすべて許可し、インターネットからイントラ
ネット内への通信はすべて遮断する設定です。

　このまま「次へ」ボタンをクリックすると確認画面が表示されるため、「設定の
確定」ボタンをクリックするとインターネットに接続できます。

　接続が成功すると、次の画面のように「接続状態」が緑色の矢印になります。

■RTX830の「プロバイダー接続」画面（接続後）

　これで完了です。コマンドと比べて、非常に簡単だと思います。必要な IP マ
スカレードやパケットフィルタリングの設定も、自動で追加されています。

もし、「接続種別の選択」画面で「DHCP、または固定 IP アドレスによる接続が利用可能です。」と結果が表示された場合、次の画面が表示されます。

■RTX830の「プロバイダー情報の設定」画面 (PPPoE以外)

設定名は、先に説明したとおりで省略もできます。

WAN側IPアドレス は、「DHCP クライアント」を選択すると、自動設定されます。「IP アドレス」を選択すると手動設定になります。どちらを選択するかは、ISP との契約によります。手動設定の場合、ISP から指定された IP アドレス、ネットマスク、デフォルトゲートウェイの入力が必要です。

それ以降は、PPPoEの設定と同じです。

IPsec/VPN の設定

　Web GUIを使って、IPsecで拠点間を接続する設定について説明します。設定するネットワーク構成は、以下とします。

■Web GUIを使ってIPsecを設定するネットワーク構成

　また、メインモードで接続することとし、認証と暗号化で使う設定の情報は、以下を前提とします。

■IPsecで使う設定の情報（Web GUI設定）

項目	設定値
事前共有鍵	pass01
暗号アルゴリズム	AES-CBC
認証アルゴリズム	SHA-HMAC

　ルーター A を例に、拠点間 IPsec の設定方法を示します。ルーター B 側は、設定する IP アドレスが変わるだけでほとんど同じです。

IPsecの設定は、「かんたん設定」→「VPN」→「拠点間接続」の順に選択して行います。

■RTX830の「拠点間接続」画面 (新規作成)

「新規」ボタンをクリックすると、以下の画面が表示されます。

■RTX830の「接続種別の選択」画面

IPsecを選択して「次へ」ボタンをクリックすると、次の画面が表示されます。

■RTX830の「IPsecに関する設定」画面（メインモード）

「自分側と接続先の両方とも固定のグローバルアドレスまたはネットボランチ
DNSホスト名を持っている」を選択します。その他の内容は、以下のとおりです。

■自分側の設定

設定名	自由に名前が付けられますが、省略もできます。

■接続先の情報

接続先のホスト名 またはIPアドレス	相手側のIPアドレス（203.0.113.3）を入力します。

■ 接続先と合わせる設定

認証鍵	事前共有鍵 (pass01) です。
認証アルゴリズム	認証時に使うアルゴリズム (SHA-HMAC) です。
暗号アルゴリズム	暗号で使うアルゴリズム (AES-CBC) です。

「次へ」ボタンをクリックすると、次の画面が表示されます。

■ RTX830の「経路に関する設定」画面

静的ルーティングの設定です。「接続先の LAN 側のアドレス」にチェックを入れて、IP アドレスに 192.168.101.0 と入力します。その右はサブネットマスクなので、255.255.255.0 を選択します。

「次へ」ボタンをクリックすると確認画面が表示されるため、「設定の確定」ボタンをクリックすると完了です。完了すると、「拠点間接続」画面に戻ってすぐに接続が開始されます。相手側の設定も終わって、次のように接続状態が緑色の矢印で表示されれば、正常に拠点間接続されています。

■RTX830の「拠点間接続VPN」画面（接続成功）

　必要なIPマスカレードやパケットフィルタリングの設定も、自動で追加され
ています。

　「IPsecに関する設定」画面で「自分側のみ固定のグローバルアドレスまたはネッ
トボランチDNSホスト名を持っている」を選択すると、アグレッシブモードで
固定IPアドレス側の設定ができます。その際は、「接続先の情報」としてIPアド
レスではなく、「接続先のID」を入力することになります。

　「接続先のみ固定のグローバルアドレスまたはネットボランチDNSホスト名を
持っている」を選択すると、アグレッシブモードで動的IPアドレス側の設定がで
きます。

■RTX830の「IPsecに関する設定」画面 (アグレッシブモード相手固定)

その際は、動的IPアドレスを持つ方が接続を開始するため、「接続先の情報」としてIPアドレスを入力します。また、自分側の設定で「自分側のID」も入力します。これは、固定IPアドレスを持つ側で設定した「接続先のID」と同じ値を設定する必要があります。以後の設定は、メインモードのときと同じです。

LANマップ

　LANマップは、ネットワーク全体を表示し、関連する機器の監視や管理が行えます。画面上部の［LANマップ］をクリックすると使えます。

　初期状態では、LANマップは無効になっています。そのため、画面右上隅にある「設定」（歯車のアイコン）ボタンをクリックして、この機能を有効にする必要があります。

■RTX830の「LANマップの設定」画面

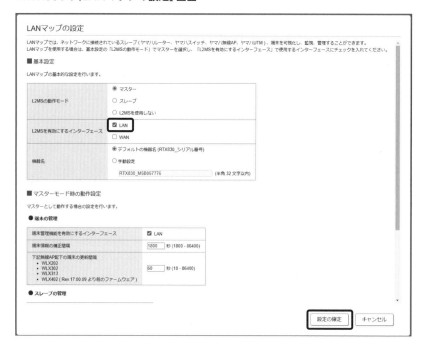

　例えば、RTX830にパソコンを1台接続すると、LANマップは次のようになります。

■RTX830の「LANマップ」画面

　端末情報の取得を有効化しているため、RTX830 に接続したパソコンのメーカー名などもわかります。

　この情報は、リアルタイムに反映されます。例えば、管理画面を表示させた状態で、ルーターのポートに接続しているケーブルの抜き差しを行ったり、あるポートから別のポートに機器をつなぎ替えたりすると、すぐに更新されます。

　また、ポートごとに色分け (緑：1000M、オレンジ：100M、灰：10M) して速度を表示してくれますし、障害通知などもしてくれます。

　LAN マップの情報は、カンマ区切りテキストファイル (CSV ファイル) でダウンロードできます。これを Excel に取り込むと、コンピューター名、メーカー名、IP アドレス、MAC アドレスといった情報を簡単に管理できます。

4
章

ヤマハルーターの設定

4-10 Web GUIでの設定　まとめ

● Web GUIで設定すると、NATや IP マスカレード、パケットフィルタリングなどの複雑な設定がデフォルトで設定される。

● LAN マップによって、接続されている機器が可視化され、管理が簡単になる。

問1 PPPoE 接続したときに、インターネットに向けてデフォルトルートの設定をしているコマンドを選択してください。

- a) `ip lan1 address 192.168.200.1/24`
- b) `ip route default gateway pp 1`
- c) `ip route 172.16.2.0/24 gateway 172.16.1.2`
- d) `ipsec ike remote address 1 203.0.113.3`

問2 IPsec のアグレッシブモードで、固定 IP アドレスを持っている側で設定しないコマンドを選択してください。

- a) `ipsec ike remote name 1 site1 key-id`
- b) `ipsec ike local address 1 192.168.100.1`
- c) `ipsec ike remote address 1 203.0.113.3`
- d) `ipsec ike remote address 1 any`

解答

問1　正解は、b) です。

a) は、`lan1`に IP アドレスを設定しています。
c) は静的ルーティングの設定ですが、デフォルトルートではありません。
d) は、IPsec で接続先を設定しています。

問2　正解は、c) です。

アグレッシブモードでは、固定 IP アドレス側は接続先の IP アドレスが動的に変わるため、設定しません。
a) は、接続先の名前を指定しています。IP アドレスの代わりに、名前で指定します。
b) は、IPsec で使う自身の LAN 側の IP アドレスを設定しています。
d) は、接続先が動的 IP アドレスになるため、どの IP アドレスからでも接続を受け付けるようにしています。

5章

ヤマハスイッチの設定

5章では、ヤマハスイッチでVLANを作っ
たり、VLAN間ルーティングしたりする設
定について説明します。

5-01	ヤマハスイッチ

本章では、ヤマハスイッチの特長や機種について説明します。

ヤマハスイッチの特長

LAN スイッチは、フレームを転送することが最低限の役割ですが、ヤマハの LAN スイッチは機種によっても異なりますが、以下の機能も備えています。

- VLAN (ポートベース VLAN、タグ VLAN)
- PoE (Power over Ethernet)
- ルーティング
- QoS
- 豊富な運用管理機能

ポートベース VLAN は、アクセス VLAN のことです。ヤマハスイッチでは、ポートベース VLAN と呼んでいるため、以後はポートベース VLAN で呼び方を統一します。PoE は、ツイストペアケーブル経由で電力を供給するしくみです。通信と電力供給の両方を同時に行えます。

また、設定が Web GUI から簡単にできるのも特長です。

ヤマハスイッチの機種

ヤマハスイッチには多数の機種がありますが、次の種類に分けられています。

表にある種類の中で、必要な機能やポート数を持つ LAN スイッチを選択して利用します。

■ヤマハスイッチの種類

種類	説明
スタンダード L3 スイッチ	ライト L3 スイッチの機能に加え、動的ルーティングは OSPF などもサポートする上位機種です。
ライト L3 スイッチ	L2 スイッチの機能に加え、静的ルーティング、動的ルーティング（RIP 関連）、VRRP の設定が可能です。
インテリジェント L2 スイッチ	L2 スイッチで必要な機能を備えています。静的ルーティングも可能です。
スマート L2 スイッチ	L2 スイッチで一部の機能を絞ることで、安価に提供しています。
シンプル L2 スイッチ	フレームを転送する機能に特化して、スマートスイッチよりも安価に提供しています。

なお、3-04 節『ルーティングの種類と経路の決定』で説明したとおり、L3 スイッチと L2 スイッチの違いは、以下のとおりです。

種類	説明
L3 スイッチ	ルーティング可能な LAN スイッチ
L2 スイッチ	ルーティングしない LAN スイッチ

　一般的にはルーティング可能な LAN スイッチは L3 スイッチに分類されますが、L2 スイッチでありながらルーティング機能を搭載したものもあります。ヤマハのインテリジェント L2 スイッチは L2 スイッチでありながら静的ルーティングが可能です。以後は、インテリジェント L2 スイッチを例に、コマンドや操作などを説明します。

5-01 ヤマハスイッチ　まとめ

- ● ヤマハスイッチは、機能によって種類が分かれている。
- ● LAN スイッチの選択は、種類を決めて、必要な機能やポート数を確認して機種を選択する。

5章 ヤマハスイッチの設定

<table><tr><td>5-02</td><td>コマンドラインの操作</td></tr></table>

本章では、ヤマハスイッチをコマンドラインで操作する方法を説明します。

TELNET での接続

　ヤマハスイッチは、デフォルトで TELNET による接続が可能になっています。
　デフォルトの IP アドレスが192.168.100.240 で、サブネットマスクが255.255.255.0 になっています。このため、パソコンの IP アドレスを192.168.100.100、サブネットマスクを 255.255.255.0 などに設定してから接続します。
　接続後は、以下のようにユーザー名とパスワードを聞かれます。初期状態では設定されていないため、そのまま Enter キーを押すと、ログインできます。ログイン後のプロンプトは、以下の最後のように「SWX3100>」です。SWX3100部分は、機種によって変わります。

```
Username:                    ←そのまま Enter キー
Password:                    ←そのまま Enter キー

SWX3100-10G Rev.4.01.02 (Mon Dec  4 12:33:18 2017)
  Copyright (c) 2017 Yamaha Corporation. All Rights Reserved.

SX3100>                 ←ここでコマンドを実行する
```

　ログイン時は、非特権 EXEC モード (ユーザーモード) です。enable コマンドを実行すると特権 EXEC モード (管理者モード) になって、設定や情報の表示が行えます。プロンプトも「SWX3100>」から「SWX3100#」に変わります。

SSHでの接続

SSHで接続するためには、いったんTELNETで接続して特権EXECモードになった後、以下のコマンドを設定する必要があります。

```
SWX3100# ssh-server host key generate
SWX3100# configure terminal
Enter configuration commands, one per line.  End with CNTL/Z.
SWX3100(config)# ssh-server enable
SWX3100(config)# username user01 password pass01
SWX3100(config)# exit
SWX3100#
```

ssh-server host key generateは、暗号化のための鍵を作成しています。
configure terminalで、グローバルコンフィグレーションモードに移行して設定が可能になります。ssh-server enableは、SSHで接続できるようにサービスを有効にしています。username user01 password pass01は、ユーザー名user01を作成して、パスワードをpass01に設定しています。

以上の設定で、SSHを使ってログインできるようになります。その際、ユーザー名とパスワードを聞かれますが、上記で設定したものを使います。

なお、TELNETとSSH以外では、コンソールからもログインしてコマンドを実行できます。 コンソールは、USBケーブルやRJ-45/DB-9コンソールケーブル(別売品)でパソコンと接続できます。

5章

ヤマハスイッチの設定

パスワードの変更

TELNETで接続したときの無名ユーザーのパスワード (ログインパスワード) は、password コマンドで変更できます。

SWX3100(config)# **password** pass01

上記で、パスワードは pass01 に設定されます。

特権 EXEC モードに移行するときのパスワード (管理パスワード) は、enable password コマンドで変更できます。

SWX3100(config)# **enable password** enable01

上記で、パスワードは enable01 に設定されます。この設定により、enable コマンドを実行すると、パスワードの入力が必要になります。

モード

これまで、非特権 EXEC モード、特権 EXEC モード、グローバルコンフィグレーションモードと出てきました。各モードは、次ページの図のコマンドで移行できて、プロンプトも変わります。

プロンプトを確認することで、どのモードで操作しているかわかるようになっています。また、非特権 EXEC モードでも、特権 EXEC モードでも、exit コマンドによってログアウトできます。

■モードの移行とコマンドプロンプト

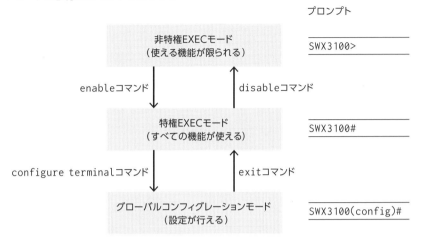

システム稼働情報の確認

システム稼働情報は、show environment コマンドで確認できます。

```
SWX3100# show environment
SWX3100-10G BootROM Ver.1.00
SWX3100-10G Rev.4.01.02 (Mon Dec  4 12:33:18 2017)
main=SWX3100-10G ver=00 serial=Z5701045YI MAC-Address=ac44.f239.3bb2
CPU:  2%(5sec)  2%(1min)  5%(5min)    Memory:  8% used
Startup firmware: exec0
Startup Configuration file: config0
Serial Baudrate: 9600
Boot time: 2021/10/31 13:34:47 +09:00
Current time: 2021/10/31 13:45:02 +09:00
Elapsed time from boot: 0days 00:10:19
```

CPUやメモリの使用率、起動時間(Boot time)などがわかります。

ログの表示

ログは、show logging コマンドで表示できます。

```
SWX3100# show logging
2021/05/23 18:09:46: [ NSM]:inf: Interface vlan1 changed state to
up
2021/05/23 18:09:46: [ NSM]:inf: Interface port1.1 changed state to
up(1000-full)
2021/05/23 18:12:43: [ IMI]:inf: Login succeeded as (noname) for
TELNET: 192.168.100.100
```

　18時9分46秒に port1.1 が1000BASE-Tの全二重 (1000-full) でアップし
たこと、18時12分43秒に192.168.100.100 から TELNETでログインが成功
(Login succeeded) したことなどがわかります。

5-02　コマンドラインの操作　まとめ

- 非特権 EXEC モードから特権 EXEC モードへ移行するためには、enable
  を使う。
- グローバルコンフィグレーションモードに移行するためには、configure
  terminalを使う。
- 特権 EXEC モードへ移行するときのパスワードは、enable passwordで
  設定できる。
- 稼働情報は、show environmentで表示できる。
- ログは、show loggingで表示できる。

設定情報の操作

ヤマハスイッチに設定した情報を参照したり、再起動しても消えないようにしたりできます。

本章では、設定情報の操作について説明します。

設定情報について

コマンドで設定した内容は、すぐ動作に反映されます。この設定はrunning-configと言われ、RAMに保存されます。つまり、ヤマハスイッチはrunning-configに保存された設定にしたがって動作しますが、RAMに保存されているので再起動すると設定が消えます。

保存場所は、もう1つあります。不揮発性メモリです。不揮発性メモリに保存された設定はstartup-configと言われ、再起動しても設定が消えません。起動時は、startup-configからrunning-configに読み込んで、設定内容が反映されます。

設定情報の参照と保存

running-configに反映された設定情報は、show running-config コマンドで確認できます。

```
SWX3100# show running-config
!
dns-client enable
!
interface port1.1
 switchport
```

```
 switchport mode access
 no shutdown
!
interface port1.2
 switchport
 switchport mode access
 no shutdown
!
interface port1.3
 switchport
 switchport mode access
 no shutdown
!
（ 以下、省略 ）
```

　また、startup-configは、show startup-config コマンドで確認できます。
　running-configの内容を startup-config に保存するためには、write コ
マンドを使います。write コマンドによって、再起動しても設定が消えなくな
ります。このため、設定後に正常動作を確認したら、忘れずに write コマンド
を実行することが重要です。

5-03 設定情報の操作　まとめ

- 設定情報は、running-configと startup-configに保存できる。
- show running-config で running-config を、show startup-
configで startup-configを確認できる。
- write コマンドで、running-configの設定を startup-configに保
存できる。

5-04　基本設定

本章では、ポートの設定や確認、ポートの無効化などについて説明します。

ポート名の指定方法

ヤマハスイッチでは、ポートを port 1.2 などと指定します。

最初の 1 は、2 台以上の LAN スイッチを連結させるスタックという機能を使ったときに関係します。例えば、2 台目を指定する場合は 2.1 などになります。本書では、常に 1 を利用します。

port 1.2 の 2 は、ポート番号です。ポートの差込口に、番号が記載されています。例えば、48 ポートある LAN スイッチでは、port 1.1 から port 1.48 まであることになります。

また、port 1.1-3 などハイフン (-) を付けて指定することもあります。この場合、port 1.1 から port 1.3 までを指定したことになります。

ポートの設定

ポートの速度や全二重 / 半二重は、speed-duplex コマンドで設定できます。

```
SWX3100(config)# interface port1.1
SWX3100(config-if)# speed-duplex 100-full
SWX3100(config-if)# exit
SWX3100(config)#
```

前ページの設定で、port1.1が100BASE-TXの全二重に設定されます。

interfaceコマンドで、設定するポートを指定します。このとき、プロンプトも変わります。また、exitコマンドでポートの指定から抜けます。

speed-duplexコマンドで設定できる値は、以下のとおりです。

■ポートの速度で設定できる値

値	説明
auto	オートネゴシエーション (デフォルト)
10000-full	10Gbps 全二重
1000-full	1000BASE-T 全二重
100-full	100BASE-TX 全二重
100-half	100BASE-TX 半二重
10-full	10BASE-T 全二重
10-half	10BASE-T 半二重

設定できる値は、機種やポート種別によって異なります。例えば、SFP+ (10Gbpsが使える)でないポートでは10000-fullは設定できません。デフォルトは、autoです。

ポートの状態は、show interface briefコマンドで確認できます。

```
SWX3100# show interface brief

Codes: ETH - Ethernet, LB - Loopback , AGG - Aggregate , MLAG - MLAG Aggregate
       FR - Frame Relay, TUN -Tunnel, PBB - PBB Logical Port, VP - Virtual Port
       CVP - Channelised Virtual Port, METH - Management Ethernet, UNK- Unknown
       EÐ - ErrÐisabled, PÐ - Protocol Ðown, AÐ - Admin Ðown, NA - Not Applicable
       NOM - No operational members , PVIÐ - Port Vlan-id


------------------------------------------------------------------------------
Ethernet    Type  PVIÐ  Mode          Status  Reason  Speed Port
Interface                                                   Ch #
------------------------------------------------------------------------------
port1.1     ETH   1     access        up      none    100m  --
port1.2     ETH   1     access        down    PÐ      auto  --
port1.3     ETH   1     access        down    PÐ      auto  --
```

```
port1.4     ETH   1     access            down    PÐ      auto  --
port1.5     ETH   1     access            down    PÐ      auto  --
port1.6     ETH   1     access            down    PÐ      auto  --
port1.7     ETH   1     access            down    PÐ      auto  --
port1.8     ETH   1     access            down    PÐ      auto  --
port1.9     ETH   1     access            down    PÐ      auto  --
port1.10    ETH   1     access            down    PÐ      auto  --


-----------------------------------------------------------------------
Interface    Status   Reason
-----------------------------------------------------------------------
vlan1        up       --
```

　例えば、port1.1 が up していて、100m（100Mbps）で通信できることがわかります。

　ポートを使えなくするためには、shutdown コマンドを実行します。

```
SWX3100(config)# interface port1.1
SWX3100(config-if)# shutdown
```

　上記により、port1.1 が使えなくなります。再度使えるようにするためには、no shutdown コマンドを実行します。

ループ検出の設定

　ループ検出は、loop-detect コマンドで設定します。

```
SWX3100(config)# loop-detect enable
SWX3100(config)# interface port1.2-3
SWX3100(config-if)# loop-detect enable
```

　最初の loop-detect enable で、装置全体のループ検出を有効にしています。デフォルトは、無効（disable）です。次の loop-detect enable で、指定したポートのループ検出を有効にしていますが、これはデフォルトで有効です。

ループの確認は、show loop-detect コマンドで行えます。

```
SWX3100# show loop-detect
loop-detect: Enable

port        loop-detect      port-blocking          status
----------------------------------------------------------
port1.1     enable(*)        enable                 Normal
port1.2     enable(*)        enable                 Ðetected
port1.3     enable(*)        enable                 Blocking
port1.4     enable(*)        enable                 Normal
port1.5     enable(*)        enable                 Ðetected
port1.6     enable(*)        enable                 Normal
port1.7     enable(*)        enable                 Blocking
port1.8     enable(*)        enable                 Normal
port1.9     enable(*)        enable                 Normal
port1.10    enable(*)        enable                 Normal
----------------------------------------------------------
(*): Indicates that the feature is enabled.
```

　上記は、ポート 2 と 3、ポート 5 と 7 をケーブルで接続して、ループさせた時の例です。status で Ðetected となっているのが、ループを検知したポートです。Blocking のポートは、フレームがループしないように通信を停止しています。ループが解消すれば、通信の停止は解除されます。

　なお、2-03 節『LAN スイッチ関連技術』で説明した「他の LAN スイッチによるループ」の場合は、LDF が送信したポートに戻ってきます (LDF の送信と受信が同じポート)。その場合は、status が Shutdown になります。Shutdown になった場合は、ループ解消 5 分後に通信の停止は解除されます。

IP アドレスの設定

LAN スイッチの IP アドレスは、以下で設定できます。

```
SWX3100(config)# interface vlan1
SWX3100(config-if)# ip address 192.168.100.2/24
```

　初期状態では、LAN スイッチは VLAN:1 に設定された IP アドレスを使います。
このため、上記で VLAN:1 の IP アドレスを、192.168.100.2/24 に変更しています。
`ip address dhcp` コマンドを使って、DHCP サーバーから自動取得することも
できます。
　変更後は、設定した IP アドレスを使ってログインします。

5-04 基本設定　まとめ

- ポートの設定は、`interface portx.x` で指定してから行う。
- `speed-duplex` で、速度と全二重 / 半二重の設定ができる。
- `show interface brief` で、ポートの状態が確認できる。
- `shutdown` で、ポートの利用を停止できる。
- `loop-detect` で、ループ検出を設定できる。
- LAN スイッチの IP アドレスは、デフォルトでは VLAN:1 に設定する。

5 章
ヤマハスイッチの設定

201

5-05 | VLAN

本章では、ポートベース VLAN とタグ VLAN の設定方法について、説明します。

ポートベース VLAN の設定

ポートベース VLAN を設定する前に、まずは VLAN を作成する必要があります。

```
SWX3100(config)# vlan database
SWX3100(config-vlan)# vlan 10
SWX3100(config-vlan)# exit
SWX3100(config)#
```

vlan database コマンドで、VLAN モードに移行します。vlan 10 コマンド
で VLAN:10 を作成しています。
ポートに VLAN を割り当てるときは、以下のように設定します。

```
SWX3100(config)# interface port1.1
SWX3100(config-if)# switchport mode access
SWX3100(config-if)# switchport access vlan 10
SWX3100(config-if)# exit
SWX3100(config)#
```

switchport mode access コマンドで、ポートベース VLAN を使うポート
(アクセスポート) に設定されます。switchport access vlan 10 コマンドで、
VLAN:10 を割り当てています。
port1.2 に対しても同様に VLAN:10 を割り当てると、port1.1 と port1.2 の間
で通信可能になります。また、VLAN:20 を作成して port1.3 と port1.4 に割り
当てると、port1.3 と port1.4 の間で通信可能になります。

タグ VLAN の設定

ポートでタグ VLAN を使うときは、以下のように設定します。

```
SWX3100(config)# interface port1.8
SWX3100(config-if)# switchport mode trunk
SWX3100(config-if)# switchport trunk allowed vlan all
SWX3100(config-if)# exit
SWX3100(config)#
```

switchport mode trunk コマンドで、タグ VLAN を使うポート (トランク
ポート) に設定されます。switchport trunk allowed vlan all コマンドで、
すべての VLAN がこのポートで通信できるようになります。もし、switchport
trunk allowed vlan add 10 とすると、VLAN:10 だけ通信可能になります。

　トランクポートでは、1 つだけタグ無しで送信される VLAN があり、ネイ
ティブ VLAN と呼ばれます。フレームを転送する LAN スイッチは、ネイティブ
VLAN であればタグ無しで送信します。受信側の LAN スイッチは、タグ無しの
フレームであればネイティブ VLAN と判断します。ネイティブ VLAN のデフォル
トは、VLAN:1 です。

　つまり、デフォルトで存在する VLAN:1 だけは、トランクポートでもタグ無し
で送受信されるということです。

　接続する LAN スイッチのネイティブ VLAN が、VLAN:1 以外が使われていて変
更が必要な場合は、switchport trunk native vlan コマンドを使います。

```
SWX3100(config-if)# switchport trunk native vlan 10
```

　上記で、VLAN:10 がネイティブ VLAN になります。

VLAN の確認

VLANの確認は、show vlan brief コマンドで行えます。

```
SWX3100# show vlan brief
(u)-Untagged, (t)-Tagged

VLAN ID  Name                            State    Member ports
=======  ==============================  =======  =======================
1        default                         ACTIVE   port1.3(u) port1.4(u)
                                                  port1.5(u) port1.6(u)
                                                  port1.7(u) port1.8(t)
                                                  port1.9(u) port1.10(u)
10       VLAN0010                        ACTIVE   port1.1(u) port1.2(u)
                                                  port1.8(t)
```

　作成したVLANの一覧が表示され、そのVLANがどのポートで使えるかがわかります。

　(u) と付いているポートはアクセスポート、(t) と付いているポートはトランクポートに設定されています。

5-05　VLAN　まとめ

- VLANは、VLANモードに移行してから vlan コマンドで作成する。
- switchport mode access でアクセスポート、switchport mode trunk でトランクポートに設定される。
- switchport access vlan で、VLANを割り当てられる。
- switchport trunk allowed vlan で、トランクポートで使えるVLANを指定する。
- switchport trunk native vlan で、ネイティブVLANを変更できる。
- VLANは、show vlan brief で確認できる。

本章では、VLANにIPアドレスを設定して、静的ルーティングできるまでの設定方法を説明します。

VLAN間ルーティングの設定

VLAN間ルーティングの設定は、以下の手順で行います。

1. VLANの作成
2. アクセスポートへのVLANの割り当て
3. VLANにIPアドレスを設定する
4. VLAN間ルーティングを有効にする
　(SWX3100シリーズでは、不要)

この内、**1**と**2**については、すでに説明しました。このため、**3**と**4**について説明します。ネットワーク構成は、以下とします。

■VLAN間ルーティングの設定で前提とするネットワーク構成

設定は、次のとおりです。

```
SWX3100(config)# interface vlan10
SWX3100(config-if)# ip address 172.16.10.1/24
SWX3100(config-if)# exit
SWX3100(config)# interface vlan20
SWX3100(config-if)# ip address 172.16.20.1/24
SWX3100(config-if)# exit
SWX3100(config)# ip forwarding enable
```

上記で、VLAN:10 に IP アドレス 192.168.10.1/24、VLAN:20 に IP アドレス 192.168.20.1/24 が設定されます。最後の ip forwarding enable は、VLAN 間ルーティングを有効にする設定です。SWX3100 シリーズの場合はデフォルトで有効なため、設定不要です。

設定したIPアドレスは、show ip interface brief コマンドで確認できます。

```
SWX3100# show ip interface brief
Interface     IP-Address           Admin-Status      Link-Status
vlan1         192.168.100.240/24   up                up
vlan10        172.16.10.1/24       up                up
vlan20        172.16.20.1/24       up                up
```

デフォルトでは、VLAN:1 の IP アドレスが LAN スイッチに接続するための IP アドレスです。

静的ルーティングの設定

静的ルーティングの設定は、ip route コマンドで行います。

```
SWX3100(config)# ip route 172.16.30.0/24 172.16.20.2
```

上記で、サブネット 172.16.30.0 のゲートウェイが、172.16.20.2 に設定されます。

デフォルトルートの場合は、ip route 0.0.0.0/0 172.16.10.2 などと設定します。

ルーティングテーブルの確認

ルーティングテーブルの確認は、show ip route コマンドで行えます。

```
SWX3100# show ip route
Codes: C - connected, S - static
       * - candidate default

Gateway of last resort is 192.168.100.1 to network 0.0.0.0

S*      0.0.0.0/0 [1/0] via 172.16.10.2, vlan10
S       172.16.30.0/24 [1/0] via 172.16.20.2, vlan20
C       192.168.100.0/24 is directly connected, vlan1
C       172.16.10.0/24 is directly connected, vlan10
C       172.16.20.0/24 is directly connected, vlan20
```

　一番左に表示されているコードで、Cは直接接続されたサブネット、Sは静的ルーティングで設定したネットワークです。viaの後に、ゲートウェイのIPアドレスが表示されています。＊が付いているのは、デフォルトルートを示します。

5-06 静的ルーティングの設定　まとめ

● LANスイッチでは、VLANに対して ip address でIPアドレスを設定する。

● IPアドレスは、show ip interface brief で確認できる。

● 静的ルーティングは、ip route で設定する。

● ルーティングテーブルの確認は、show ip route で行える。

5-07 Web GUIの操作

ヤマハの LAN スイッチは、Web GUI からも設定や操作ができます。本章では、Web GUIの操作について説明します。

Web GUI へのログイン

Web GUIへは、Web ブラウザーを起動して、アドレス欄でヤマハスイッチの IP アドレスを指定すればログインできます。初期状態で、IP アドレスは 192.168.100.240 です。

ログイン時に認証が必要ですが、ユーザー名は空白のままで、パスワードだけ入力します。初期状態では、パスワードも空欄のままでログインできます。

パスワードの変更

パスワードは、「管理」→「アクセス管理」→「ユーザーの設定」で変更できます。

■SWX3100-10Gの「ユーザーの設定」画面

上記で「設定」ボタンをクリックすると、以下の画面が表示されます。

■SWX3100-10Gの「パスワードの設定」画面

209

　管理パスワード、ログインパスワードともに2回入力します。「暗号化する」に
チェックを入れると、running-config や startup-config でパスワードを参照で
きなくなります。「確認」ボタンをクリックすると、次の画面が表示されます。

■ SWX3100-10Gの「入力内容の確認」画面

　そのまま「設定の確定」ボタンをクリックすると、パスワードが変更されます。
設定後はすぐにパスワード入力を求められます。入力を求められない場合は、画
面右上の「ログアウト」をクリックして、いったんログアウトする必要があります。
　再度接続した際は、「ユーザー名」は空欄のままにして、設定したパスワード
を「パスワード」に入力後、「OK」をクリックするとログインできます。管理パ
スワードを入力すると管理者モード、ログインパスワードを入力すると、ユーザー
モードでログインします。
　なお、Web GUIでの設定は不揮発性メモリにも保存されるため、再起動して
も設定は消えません。

LANマップ

ルーターと同様に、LAN スイッチでも画面上部の「LAN マップ」をクリックすると、LAN マップが使えます。

初期状態では、LAN マップの動作モードはスレーブになっています。動作モードがスレーブの場合、LAN スイッチで情報は確認できず、ルーターなどで一括管理できるようになっています。もし、変更する場合は、画面右上隅にある「設定」（歯車のアイコン）ボタンをクリックして、マスターに変更できます。

■SWX3100-10Gの「LANマップの設定」画面

マスターにすると、ルーターで見たときと同じように、接続された機器の情報が表示できます。ただし、ルーターからは LAN スイッチの情報が管理できなくなります。

　スレーブとして使う場合、ルーター側で LAN マップを見ると、次のようになります。

■RTX830の「LANマップ」画面（LANスイッチがスレーブ）

　このとき、LAN スイッチのアイコンをクリックすると、LAN スイッチに接続された端末情報なども確認できます。

　これは、L2MS というヤマハ独自のプロトコルを利用して、スレーブの装置からマスターの装置に、接続されている端末の情報を送信しているためです。マスターは、同時に複数のスレーブを認識して管理できます。

　「HTTP プロキシー経由で GUIを開く」ボタンをクリックすると、LAN スイッチの設定画面を開くこともできます。

　また、LAN マップではネットワークの状態変化を検知することができます。

　まず、「LAN マップの設定」画面下にスクロールして、スナップショット機能を有効にしておきます。

■RTX830の「LANマップの設定」画面(スナップショット有効化)

　次に、「LANマップ」の画面上にある「スナップショット」ボタン(カメラのようなアイコン)をクリックすると、そのときのネットワーク状態を保存できます。スナップショットを取った時からネットワークの状態に変化があると(例:LANスイッチがダウン)、画面上で赤色になるなどして異常があったことがわかるようになっています。

5-07 Web GUIの操作　まとめ

- ● LANスイッチは、Web GUIからも設定できる。
- ● LANマップでは、L2MSを利用してスレーブと、スレーブに接続されている機器を、マスターから一括管理できる。
- ● LANマップから、LANスイッチの設定画面を表示することができる。
- ● スナップショットによって、ネットワーク状態の変化が検知できる。

問1 LAN スイッチに接続するときに使う IP アドレスを確認するコマンド
を選択してください。

a) show interface brief
b) show vlan brief
c) show ip interface brief
d) show ip route

問2 アクセスポートに設定するコマンドを選択してください。

a) switchport mode access
b) switchport mode trunk
c) switchport trunk allowed vlan all
d) vlan database

解答

問1 正解は、**c)** です。デフォルトでは、**VLAN:1** に設定された **IP** アドレス
を使って接続します。

a) は、ポートの速度や up/down などの確認ができます。
b) は、vlan の確認で使います。
d) は、ルーティングテーブルを表示します。

問2 正解は、**a)** です。

b) は、トランクポートに設定しています。
c) は、トランクポートで使える VLAN を設定しています。
d) は、VLAN モードに入るコマンドです。

6章
ヤマハ無線LAN
アクセスポイントの設定

6章では、ヤマハ無線 LAN アクセスポイントを実運用する際に必要な設定や、セキュリティの設定方法について説明します。

6-01	ヤマハ無線LANアクセス ポイント

本章では、ヤマハ無線 LAN アクセスポイントの特長や機種について説明します。

ヤマハ無線 LAN アクセスポイントの特長

端末を無線経由でネットワークに接続することに加え、ヤマハ無線 LAN アクセスポイントは、以下の機能も備えています。

- 2.4 GHz と 5 GHz 帯両方で幅広い規格に対応
- 複数のアンテナ送受信技術である MIMO などの新技術に対応
- 商用利用としては不可欠な認証やセキュリティ機能
- 無線 LAN を可視化するなどの運用管理機能

また、無線 LAN コントローラーにも対応しています。

■ ヤマハ無線LAN アクセスポイント:WLX212

ヤマハ無線 LAN アクセスポイントの機種

　ヤマハ無線 LAN アクセスポイントで、最新 (2021 年 6 月時点) の機種を以下に説明します。

■ヤマハ無線LANアクセスポイントの機種

機能	WLX212	WLX413
2.4GHz 帯	IEEE 802.11b/g/n	IEEE 802.11b/g/n/ax
5GHz 帯	IEEE 802.11a/n/ac	IEEE 802.11a/n/ac/ax
最大速度	1.2 Gbit/s	5.9 Gbit/s
最大接続端末数	100 台	500 台

　どちらの機種も、PoE 対応の LAN スイッチに接続して PoE で受電できます。また、1 台 1 台にユーザー名を登録するのではなく、サーバーで一元管理して認証できるなど、組織で使える充分な機能を持っています。

6-01　ヤマハ無線 LAN アクセスポイント　まとめ

- ●ヤマハ無線 LAN アクセスポイントは、最大速度やサポートする規格、接続端末数などで選択する。

6-02 Web GUIの操作

ヤマハの無線 LAN アクセスポイントは、Web GUI から設定や操作ができます。本章では、WLX212 を例に Web GUIの操作について説明します。

Web GUI へのログイン

Web GUIへは、Web ブラウザーを起動して、アドレス欄でヤマハ無線 LAN アクセスポイントの IP アドレスを指定すればログインできます。初期状態では、IP アドレスは DHCPで取得するようになっていますが、DHCP サーバーがない環境では IP アドレスが192.168.100.240、サブネットマスクが255.255.255.0 になっています。このため、パソコンの IP アドレスを192.168.100.100、サブネットマスクを255.255.255.0 などに設定してから接続します。

ログイン時に認証が必要です。ユーザー名の『admin』と、パスワードを入力してログインします。初期状態では、パスワードは設定されていないため、空欄のままでログインできます。

ログイン後は、以下の画面が表示されます。

■WLX212トップページ（「仮想コントローラー」選択）

設定を行うためには、トップページで「仮想コントローラー」を選択します。再度ユーザー名とパスワードの入力を求められますが、、先ほどと同じユーザー

名とパスワードを入力します。その後、工場出荷状態では「管理形態の選択」が
表示されますが、「オンプレミスで管理する」ボタンをクリックします。

　これで、設定が行える仮想コントローラーのトップページが表示されます。

パスワードの変更

　パスワードは、仮想コントローラーの「基本設定」→「管理パスワード」で変
更できます。

■仮想コントローラーの「管理パスワード」画面

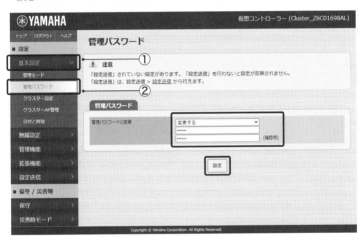

　一番上で、「変更する」を選択します、その後、新規パスワードを2回入力します。
「設定」ボタンをクリックすると、パスワードが変更されます。

　設定後は、すぐにユーザー名とパスワードを入力する画面が表示されます。
「ユーザー名」は『admin』と入力して、設定したパスワードを「パスワード」に
入力後、「OK」ボタンをクリックするとログインできます。

6-02 Web GUIの操作　まとめ

● 無線LANアクセスポイントの設定は、主にWeb GUIから仮想コントロー
ラーを使って行う。

6-03 | 無線LANの設定

本章では、無線LANを有効にするために必要な設定方法について説明します。

SSIDの追加

　無線 LAN アクセスポイントとして使えるようにするためには、SSIDを追加する必要があります。SSIDの追加は、「無線設定」→「共通」→「SSID 管理」で行います。

■仮想コントローラーの「SSID 管理」画面

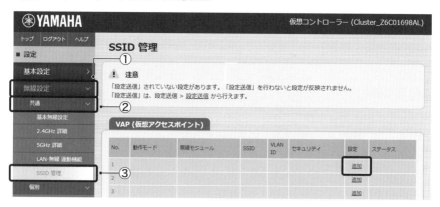

　表示された「SSID 管理」画面で、「追加」をクリックすると、次の画面が表示されます。

■ 仮想コントローラーの「SSID管理」画面（VAP1設定）

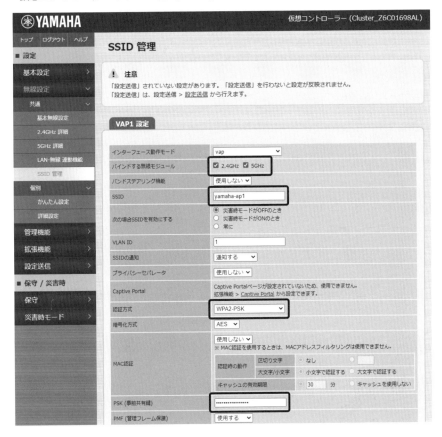

「バインドする無線モジュール」で、2.4GHz帯、5GHz帯のどちらか、または両方を選択できます。この他、最低限「SSID」、「認証方式」と「PSK（事前共有鍵）」を選択、入力します。

上記画面は途中までの表示ですが、画面下にスクロールして「設定」ボタンをクリックすると、1つ前の画面に戻ります。そこで、「注意」の下に表示されている「設定送信」をクリックすると、次の画面が表示されます。

■仮想コントローラーの「設定送信」画面

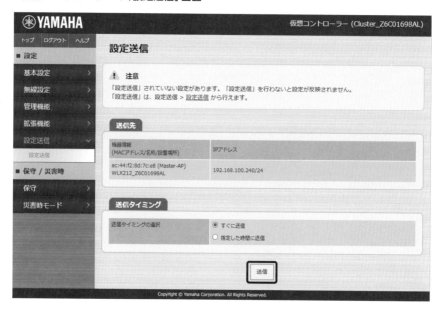

「送信」ボタンをクリックすると、設定が反映されます。

　パソコンやスマートフォンからは、設定したSSIDを選択して、事前共有鍵を入力すれば無線LANで接続できます。

VAPの設定

　VAPの設定は、先ほどのSSID追加と同じです。「SSID管理画面」で、設定していない「No.」の「追加」ボタンをクリックして、同じように設定することで、別のSSIDが追加されます。

無線モードとチャンネルの設定

　無線モードとチャンネルは、「無線設定」→「共通」→「基本無線設定」で変更できます。

■仮想コントローラーの「基本無線設定」画面

　上記は、画面途中までの表示ですが、下にスクロールすると2.4Ghzと5GHz帯の設定が行えます。以下は、2.4GHz帯を設定する部分です。

■仮想コントローラーの「基本無線設定」画面（2.4GHz基本）

2.4GHz 基本	
無線機能	使用する ▼
無線モード	11b+g+n ▼
チャンネル	自動 ▼
チャンネル幅	40 ▼ (MHz)
プライマリチャンネル	下側波帯 ▼
自動チャンネル選択範囲	設定項目を表示する
チャンネルの自動再選択	動作設定： ◉ 再選択しない ○ 状況に応じて定期的に再選択する 　　毎日 0 時 0 分 端末接続中の動作： ○ チャンネルを変更する ◉ チャンネルを変更しない

　次ページの図は、5GHz帯を設定する部分です。

■仮想コントローラーの「基本無線設定」画面（5GHz基本）

5GHz 基本	
無線機能	使用する ∨
無線モード	11a+n+ac ∨
チャンネル	自動 ∨
チャンネル幅	80 ∨　(MHz)
プライマリチャンネル	下側波帯 ∨
プライマリ40MHzチャンネル	下側波帯 ∨
自動チャンネル選択範囲	設定項目を表示する
チャンネルの自動再選択	動作設定： 　◉ 再選択しない　○ 状況に応じて定期的に再選択する 　　毎日　0　　時　0　　分 端末接続中の動作： 　○ チャンネルを変更する　◉ チャンネルを変更しない
DFSチャンネル選択範囲	設定項目を表示する

　どちらも、無線モードで利用する規格を選択できます。例えば、11b+g+nでは、IEEE802.11b、IEEE802.11g、IEEE802.11nが使えるということです。

　チャンネル項目は、自動であればチャンネルが自動選択されます。また、3chなど個別に指定することもできます。デフォルトは、自動です。

　設定後は、画面を下にスクロールして「設定」ボタンをクリックした後、次の画面で「設定送信」→「送信」ボタンの順にクリックすれば設定が反映されます。設定送信しないと設定が反映されないため、設定変更後は忘れずに送信することが重要です。

6-03　無線 LAN の設定　まとめ

- 無線 LAN アクセスポイントとして動作するためには SSID を追加して、少なくともバインドする無線モジュール、SSID、認証方式、PSK（事前共有鍵）を設定する。
- 「設定送信」することで、設定が反映される。
- 無線モードとチャンネルは、2.4 GHz 帯と 5 GHz 帯で別々に指定できる。

6-04　無線LAN高度化

　本章では、基本の設定以外で、セキュリティやVLAN関連の設定について説明します。

ステルスSSID

　SSIDはビーコンで送信されますが、SSIDをビーコンで送信しないようにもできます。これを、ステルスSSIDと言います。

　ステルスSSIDの場合、パソコンはSSIDを選択できません。SSIDを入力して接続する必要があります。このため、SSIDを知っている人以外は接続が難しくなります。

　ステルスSSIDは、SSIDを追加するときの「SSID管理」画面（VAPごとの設定）で設定できます。この画面の「SSIDの通知」で、「非通知にする」を選択すればいいだけです。

■仮想コントローラーの「SSID管理」画面（SSIDの通知）

VLAN ID	1
SSIDの通知	非通知にする ∨
プライバシーセパレータ	使用しない ∨

　デフォルトは、「通知する」です。

6
章

ヤマハ無線LANアクセスポイントの設定

225

MAC アドレスフィルタリング

MAC アドレスフィルタリングは、機器の MAC アドレスによって接続を許可、または拒否する機能です。

MAC アドレスフィルタリングを設定しておけば、不正接続を難しくすることができます。

設定は、ステルス SSID と同じで「SSID 管理」画面 (VAP ごとの設定) で行います。

■ 仮想コントローラーの「SSID管理」画面 (MACアドレスフィルタリング)

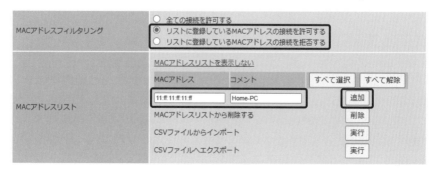

「MAC アドレスリスト」の項目で、「MAC アドレス」の下に MAC アドレスを入力して、「追加」ボタンをクリックします。そうすると、下に追加した MAC アドレスが表示されます。登録は、複数行えます。

その後、「MAC アドレスフィルタリング」の項目で、登録した MAC アドレスの機器だけ接続を許可したい場合は、「リストに登録している MAC アドレスの接続を許可する」にチェックします。登録した MAC アドレスの機器から接続を拒否したい場合は、「リストに登録している MAC アドレスの接続を拒否する」にチェックします。

画面を下にスクロールして「設定」ボタンをクリックします。次の画面で、画面上部の「設定送信」をクリック後、「送信」ボタンをクリックすれば設定が反映されます。

VLAN との組み合わせ

　利用する VLAN も、「SSID 管理」画面 (VAP ごとの設定) で設定できます。この画面の「VLAN ID」項目で、利用する VLAN 番号を指定するだけです。

■仮想コントローラーの「SSID管理」画面 (VLAN ID)

次の場合SSIDを有効にする	◉ 災害時モードがOFFのとき ○ 災害時モードがONのとき ○ 常に
VLAN ID	10
SSIDの通知	通知する ▾

　この設定により、例えば社員用の SSID では VLAN:10 を使い、訪問者用の SSID では VLAN:100 を使うといったことができます。

　デフォルトでは VLAN:1 が設定されていて、LAN スイッチなどと接続しているポートとはタグ無しで送受信されます。つまり、VLAN:1 を利用するだけであれば、LAN スイッチなどのポートはアクセスポートでも通信可能です。

　VLAN:1 以外を使う場合はタグ付きで送受信されるため、接続する LAN スイッチなどのポートは、トランクポートに設定しておく必要があります。

■LANスイッチとの接続におけるVLAN

VLAN:1 (タグなし)

VLAN:10 (タグ付き)

トランクポート

6-04 無線 LAN 高度化　まとめ

● ビーコンで SSID を送信しない機能を、ステルス SSID と言う。

● MAC アドレスフィルタリングによって、接続可能な機器を制限できる。

● 無線 LAN で接続した機器が利用する VLAN を、SSID ごとに設定できる。その場合、有線 LAN 側に接続した LAN スイッチなどのポートは、トランクポートに設定しておく必要がある。

6-05　無線LANの可視化

　無線は、人の目で見ることができません。このため、チャンネルが重複しているなどがわからないのですが、これを可視化することができます。本章では、無線LANの可視化について説明します。

無線LAN見える化ツール

　ヤマハ無線LANアクセスポイントでは、無線LAN可視化のために「見える化ツール」が用意されています。見える化ツールには、以下の機能があります。

- **無線LAN情報表示機能**
  近隣のチャンネル利用状況や、過去に検出した問題などが表示できます。
- **端末情報表示機能**
  無線LANアクセスポイントに接続している機器のMACアドレスや、認証方式などの情報が表示できます。
- **周辺アクセスポイント情報表示機能**
  周辺無線LANアクセスポイントのMACアドレスや認証方式などを一覧で表示できます。
- **レポート表示機能**
  ログの内容を許容、注意などに分類した統計情報や、ログ一覧が表示できます。

　見える化ツールは、最初のトップページで「見える化ツール」を選択して利用できます。

■ WLX212トップページ（見える化ツール選択）

無線 LAN 情報表示機能

　無線 LAN 情報表示機能は、「無線 LAN 情報」タブからリストを選択して利用します。次の図は、「状態表示」を選択したときの画面です。

■ 見える化ツールの「状態表示（現在値）」画面

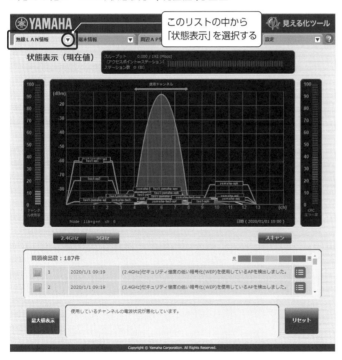

　近隣無線 LAN アクセスポイントのチャンネル使用状況などが確認できます。図では、2.4GHz 帯を表示していますが、かなりチャンネルが重複して利用されていることがわかります。

端末情報表示機能

　端末情報表示機能は、「端末情報」タブからリストを選択して利用します。以下は、「端末一覧表示」を選択したときの画面です。

■ 見える化ツールの「端末一覧表示」画面

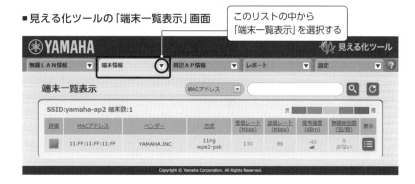

　接続している機器の情報が一覧で確認できます。また、それぞれの端末のMACアドレス、送受信速度、信号強度などもわかります。

周辺アクセスポイント情報表示機能

　周辺アクセスポイント情報表示機能は、「周辺AP情報」タブからリストを選択して利用します。以下は、「AP一覧表示」を選択したときの画面です。

■ 見える化ツールの「AP一覧表示」画面

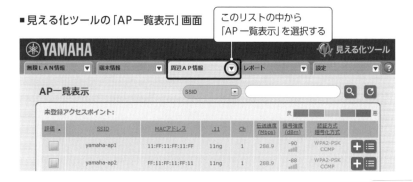

　周辺AP（アクセスポイント）の情報が一覧で確認できます。また、それぞれの無線LANアクセスポイント のMACアドレス、利用しているチャンネル、速度、

信号強度などもわかります。

レポート表示機能

　レポート表示機能は、「レポート」タブからリストを選択して利用します。以下は、「レポートTOP」を選択したときの画面です。

■見える化ツールの「レポートTOP」画面

このリストの中から
「レポートTOP」を選択する

　ログの統計情報が確認できます。「ログダウンロード」ボタンをクリックすると、ログをダウンロードできます。また、「レポート」タブからは、「ログ一覧表示」も選択できます。「ログ一覧表示」では、ログを一覧表示できます。

6-05 無線LANの可視化　まとめ

- 無線LANを可視化するために、見える化ツールが使える。
- 見える化ツールでは、無線LAN情報、端末情報、周辺アクセスポイント情報、レポートなどが表示できる。

設定の保存と復元

　ここでは、無線 LAN アクセスポイントの設定をパソコンに保存する方法と、復元する方法について説明します。設定をパソコンに保存しておけば、無線 LAN アクセスポイントが故障して交換した時も、すぐに設定を復元できます。

設定の保存

　設定の保存は、仮想コントローラーの「保守」→「設定 (保存 / 復元)」を選択して行えます。

■仮想コントローラーの「設定 (保存/復元)」画面

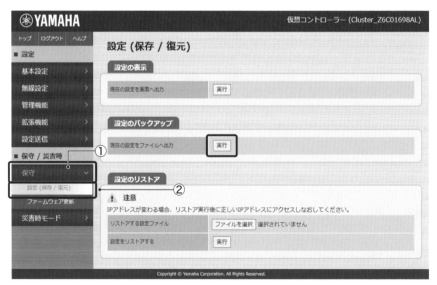

「設定のバックアップ」の下にある「実行」ボタンをクリックします。フォルダを選択する画面が表示されるため、保存するフォルダを選択して設定を保存します。ファイル名は、config.zip です。

設定の復元

　設定の復元も同じ画面で行えます。「設定のリストア」下にある「ファイルを選択」ボタンをクリックします。フォルダを選択する画面が表示されるため、設定を保存してあるフォルダを選択した後、設定ファイル（config.zip）を選択します。
　ファイルが選択された状態になった後、「実行」ボタンをクリックすると復元されます。

6-06　設定の保存と復元　まとめ

- 設定は、Web GUI からパソコンなどに保存できる。
- 保存した設定を使って、復元ができる。

問1 **SSID ごとに設定できる項目を選択してください。**

- a) チャンネル
- b) 無線モード
- c) 事前共有鍵
- d) 見える化ツール

問2 **接続可能な機器を制限する機能を選択してください。**

- a) VAP
- b) ステルス SSID
- c) VLAN
- d) MAC アドレスフィルタリング

解答

問1 **正解は、c) です。**

- a) は、2.4GHz 帯と 5GHz 帯それぞれで設定します。
- b) も、2.4GHz 帯と 5GHz 帯それぞれで設定します。
- d) は、無線 LAN の情報を表示するツールです。

問2 **正解は、d) です。**

- a) は、複数の SSID を設定する機能です。
- b) は、SSID をビーコンで送信しないようにする機能です。
- c) は、ネットワークをグループ分けする機能です。

コマンド索引

用語索引

［著者紹介］

のびきよ

2004年に「ネットワーク入門サイト（https://beginners-network.com/）」を立ち上げ、初心者にもわかりやすいようネットワーク全般の技術解説を掲載中。その他、「ホームページ入門サイト（https://beginners-hp.com/）」など、技術系サイトの執筆を中心に活動中。

著書に、『現場のプロが教える！ネットワーク運用管理の教科書』、『ヤマハルーターでつくるインターネット VPN 第 5 版』(マイナビ出版)、『図解即戦力 ネットワーク構築 & 運用がこれ 1 冊でしっかりわかる教科書』(技術評論社) がある。

│ 参考文献 │

・ヤマハ株式会社　公式サイト　製品情報ページ
 https://network.yamaha.com/products

ネットワーク入門・構築の教科書

ニュウモン コウチク キョウカショ

2022年 1月25日　初版第1刷発行
2024年 2月20日　　　第6刷発行

著　者………のびきよ
監　修………ヤマハ株式会社
発行者………角竹輝紀
発行所………株式会社 マイナビ出版
　　　　　　　〒101-0003 東京都千代田区一ツ橋2-6-3 一ツ橋ビル2F
　　　　　　　TEL：0480-38-6872（注文専用ダイヤル）
　　　　　　　TEL：03-3556-2731（販売部）
　　　　　　　TEL：03-3556-2736（編集部）
　　　　　　　E-mail：pc-books@mynavi.jp
　　　　　　　URL：https://book.mynavi.jp
印刷・製本……株式会社ルナテック

©2022 のびきよ　　　Printed in Japan
ISBN 978-4-8399-7705-4